JN051999

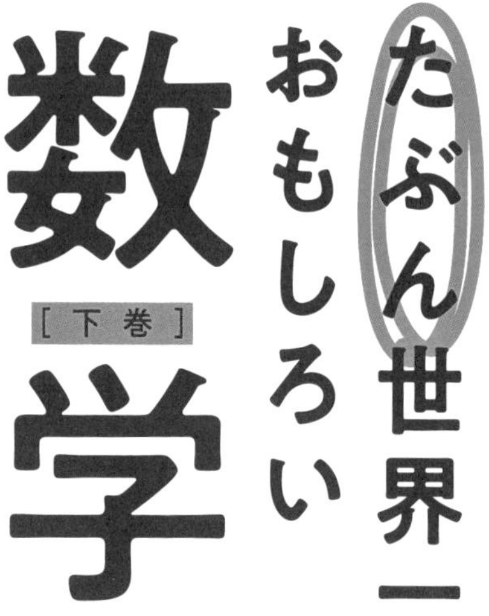

著 ソウ　協力 本丸諒

Gakken

はじめに

『たぶん世界一おもしろい数学【下巻】』をお手に取りいただきありがとうございます。
すでに【上巻】もお読みいただけましたでしょうか？

「根っからの文系で数学にはアレルギーがあって…」
「理系だけど、数学は嫌いだったんだよね…」
本書はそんな方たちのイヤな思い出を払拭すべく、
・数学の内容をすべてギャグマンガにして解説するという無謀な試みに成功
・一話あたり5分ほどで読めるように区切ってあり、気軽に学べる
・ちょっとお利口になれる数学のコラムや、問題に挑戦できるページも満載
という特長をもった、数学の学び直しに最適な一冊となっています。

本書の作者であるソウさんは、学生時代、数学が苦手だったといいます。
そのソウさんに、「どうやってこのマンガをつくっているのですか？」と聞いたところ、
次のように答えてくれました。
「まず、内容をちゃんと学び直してわかりやすく説明する流れを作ります。そのあとに、

ギャグを入れてそのわかりやすい説明をすこしジャマしていくんです。ギャグってジャマするものですから(笑)」

「ジャマなんかい！」とツッコミたくなりますが、これってとてもすごいことです。

学び直しをしてわかりやすい流れを作るだけでも一苦労なのに、そこで止めずに、読者の方が楽しめるように笑いを入れる。

笑いがジャマになりすぎないように、微調整もたくさんしていることでしょう。

とんでもないサービス精神です。

このとてつもない作業を完遂していただいたソウさんへの敬意を表し、『たぶん世界一おもしろい数学』というタイトルを編集部のほうでつけさせていただきました。

勉強のできる人が「これ、おもしろいよ」と薦めてくる本は、知的すぎて面白みのわからない場合も多いですが、この本は知的な内容なのに知的じゃない面白さ、ただただ笑える面白さのあるものになったと思います。

本書を読んで、みなさんが少しでも笑顔になれたとしたら本望です。

編集部より

たぶん世界一おもしろい数学　下巻　CONTENTS

第8章 相似な図形と円 165

第9章 三平方の定理 197

数田 はじめ（ハジメ）

数学には苦手意識がある中学生。
ジョーへのツッコミはいつも的確。

なゆた

ジョーの幼なじみのくのいち。真面目で勉強もできるが、性格は卑屈。

ジョー

忍者学校高等部所属。ハジメの成績を上げるため、居候することに。

ニョン太

謎の生物。ひょんなことからハジメの家のペットとして飼われるようになった。

せつな

なゆたの妹でハジメと同級生。姉と対照的に明るいが、少し感覚がズレている。

第1章

図形の調べ方

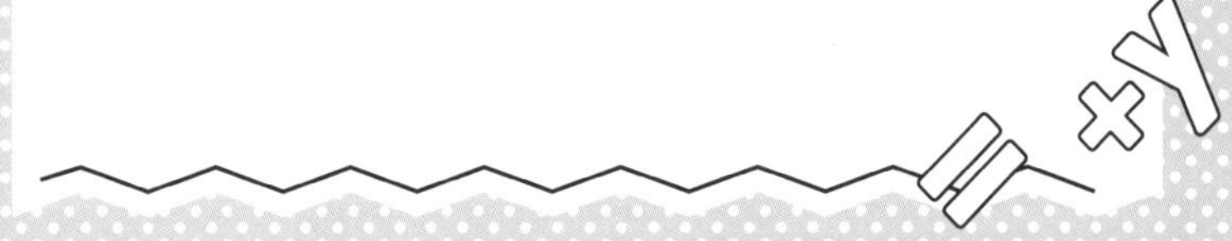

1-1

平行線と角

ザアァッ

ハジメくん…
今日はキミに新しく
教えたいことがある
この
ピヨピヨ棒で
かかってくるのだ…！
なんて
言ってたけど…
剣術とか
かな…
ピヨピヨ棒
…？

えぇーい！
カッ
いいぞ
ハジメくん！
これ！
ここだ！
えっ…

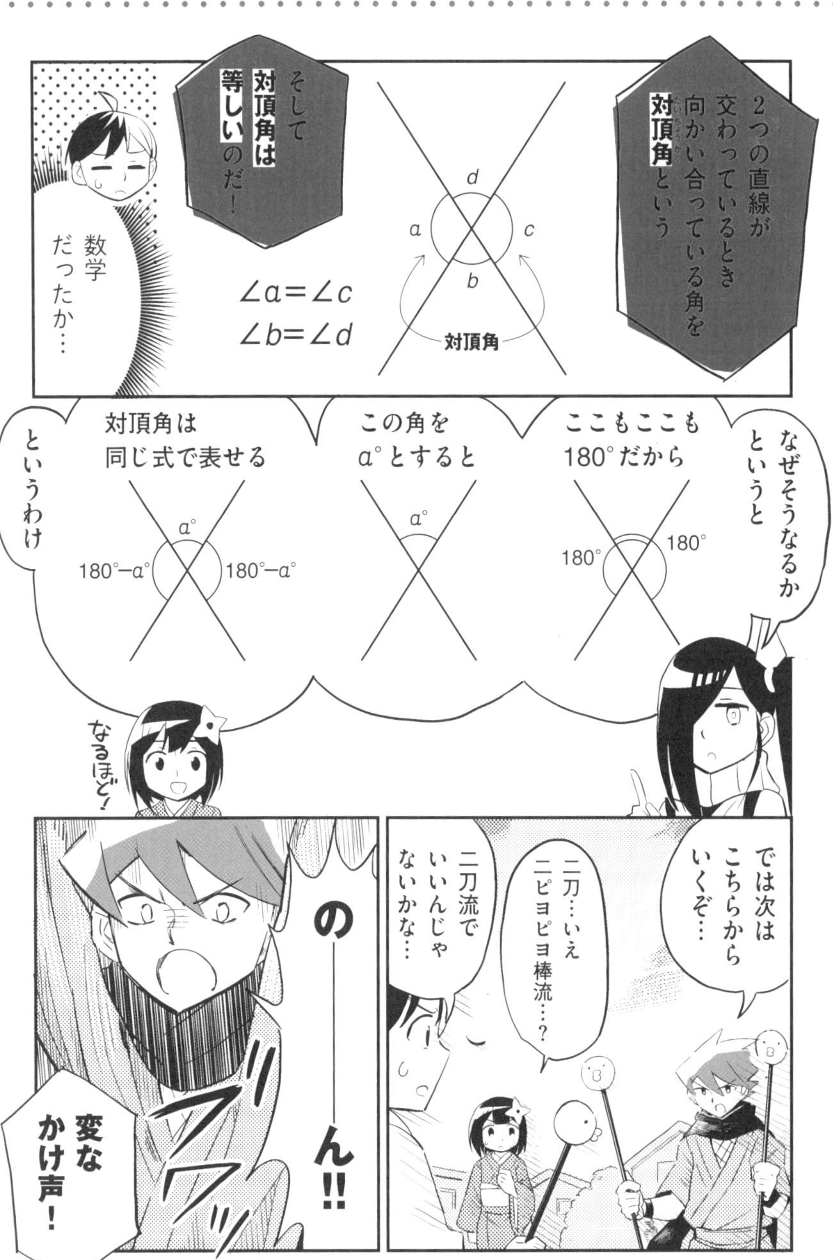
2つの直線が交わっているとき向かい合っている角を対頂角という
そして対頂角は等しいのだ！
数学だったか…
a
b
c
d
∠a＝∠c
∠b＝∠d
対頂角
なぜそうなるかというと
ここもここも180°だから
180°
180°
この角をa°とすると
a°
対頂角は同じ式で表せる
a°
180°−a°
180°−a°
というわけ
なるほど！
では次はこちらからいくぞ…
二刀…いえ二ピヨピヨ棒流…？
二刀流でいいんじゃないかな…
の———ん!!
変なかけ声！

ハジメくん…
これだ！
今度は
何…？
ガッ
キィ

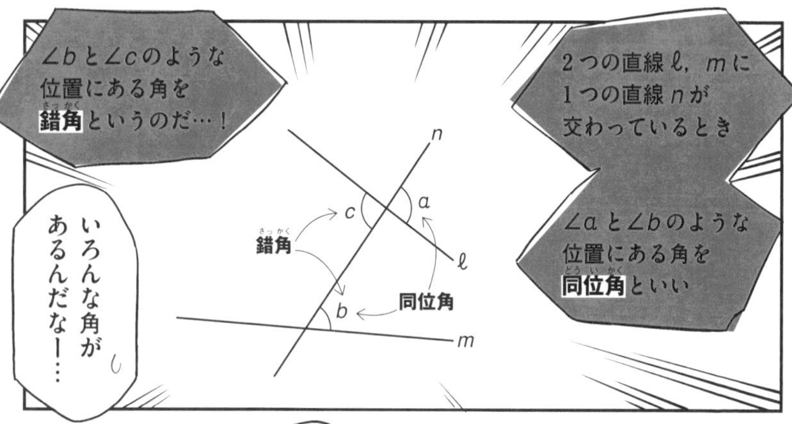
2つの直線ℓ，mに
1つの直線nが
交わっているとき
∠aと∠bのような
位置にある角を
同位角といい
∠bと∠cのような
位置にある角を
錯角というのだ…！
いろんな角が
あるんだなー…
n
a
c
錯角
ℓ
b
同位角
m

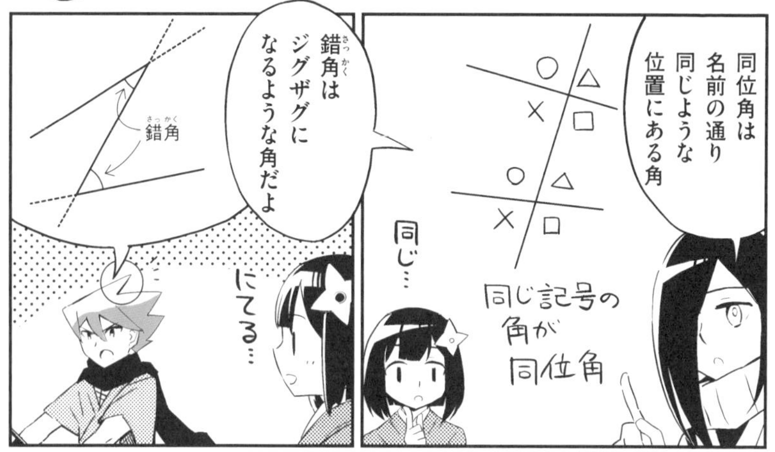
同位角は
名前の通り
同じような
位置にある角
同じ記号の
角が
同位角
同じ…
錯角は
ジグザグに
なるような角だよ
錯角
にてる…

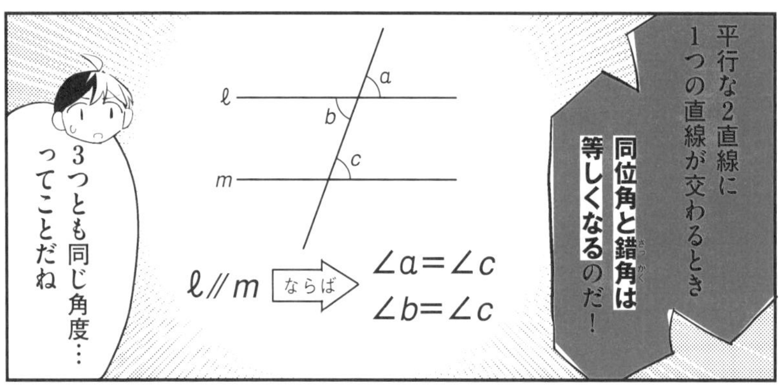

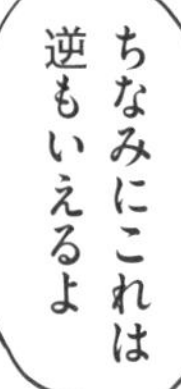

平行線になるための条件

2直線に1つの直線が交わるとき，**同位角または錯角が等しければ，2直線は平行**である。

$\angle a = \angle c$ または $\angle b = \angle c$ ならば $\ell /\!/ m$

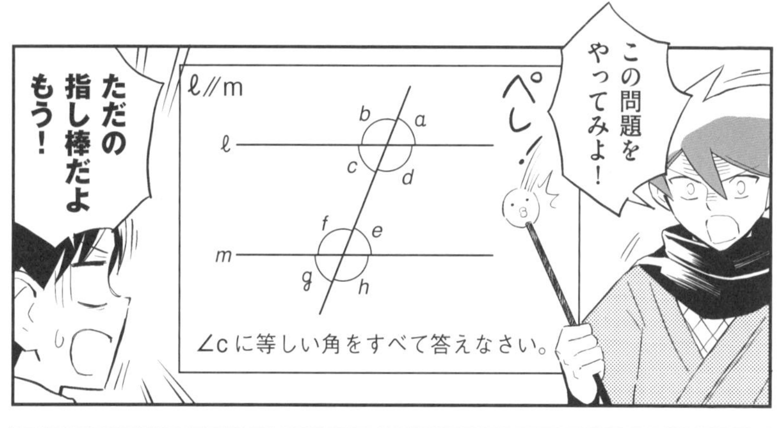
この問題をやってみよ！
ペし！
ただの指し棒だよもう！
ℓ∥m
∠cに等しい角をすべて答えなさい。

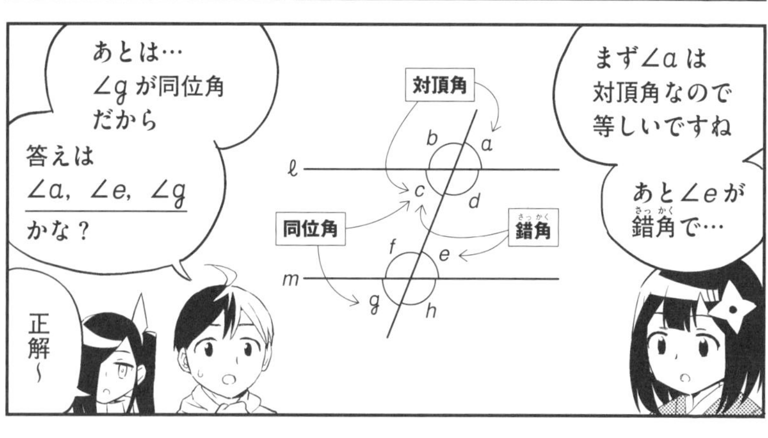
まず∠aは対頂角なので等しいですね
あと∠eが錯角で…
あとは…∠gが同位角だから
答えは∠a, ∠e, ∠gかな？
正解～
対頂角
同位角
錯角

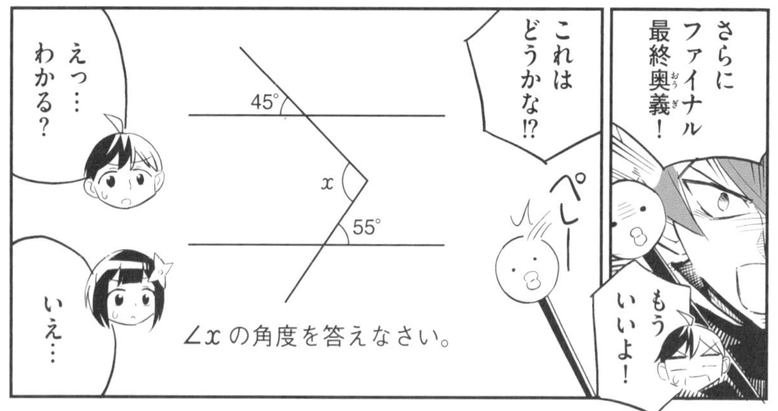
さらにファイナル最終奥義！
これはどうかな⁉
ペしー
もういいよ！
えっ…わかる？
いえ…
∠xの角度を答えなさい。

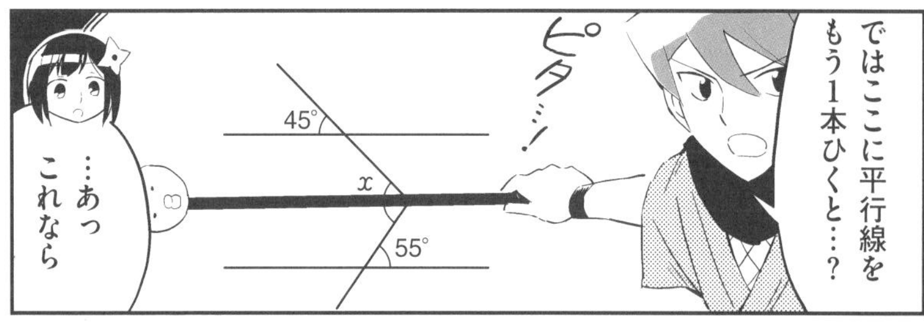

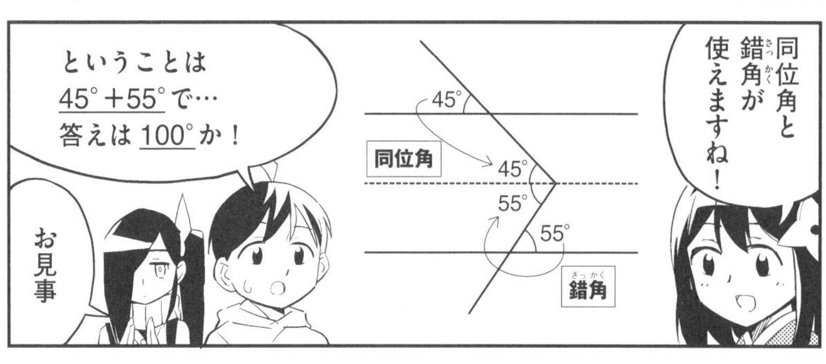

このように補助線をひくことで一気にわかりやすくなることがある！

キミも無駄にひきまくろう！

いや無駄にはひかないけど…

でもうん わかったよ

そうか！

わかってもらえてうれしいよ

ジョー流ピヨピヨ棒術のすばらしさを…

あ それは全然わかんないです

1-2

多角形の角

ハジメくーん
お助け〜〜！

三角形に
なっちまった〜〜
ええ……

実は三角形の
たたりを
受けてしまって…
三角形って
角少ない
っスよねー
…
ズバーン
ボギャー!!
たたりを…

そこで
ハジメくんに
三角形センパイの
魅力を伝えて
お許しを乞おう
ってわけ
お願い
この通り！
ペト
わ
わかったよ

三角形センパイの魅力　その1

3つの内角の和が180°だ！

三角形センパイの魅力　その2

外角が，それととなり合わない2つの内角の和に等しい！

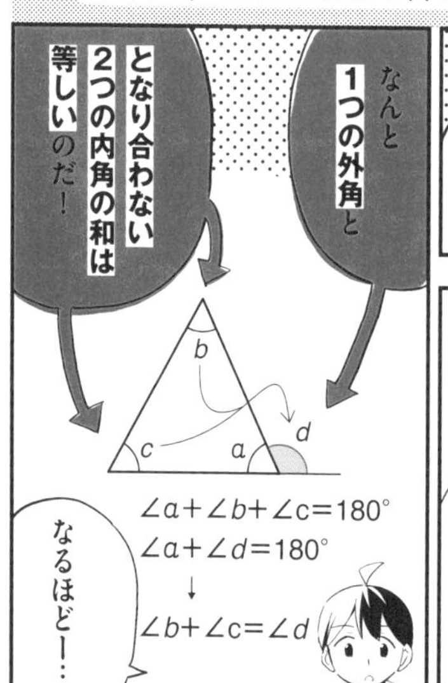

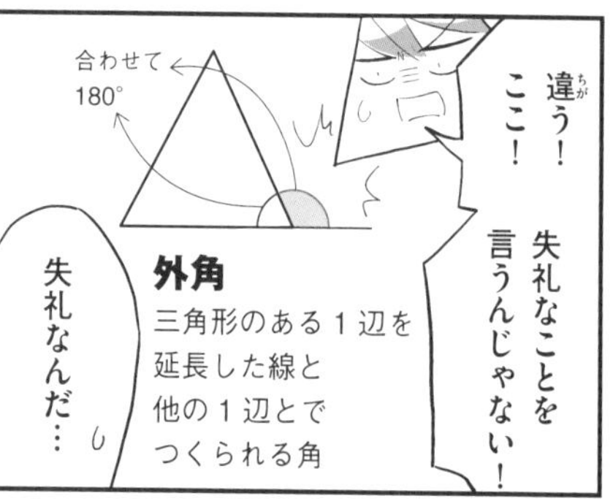

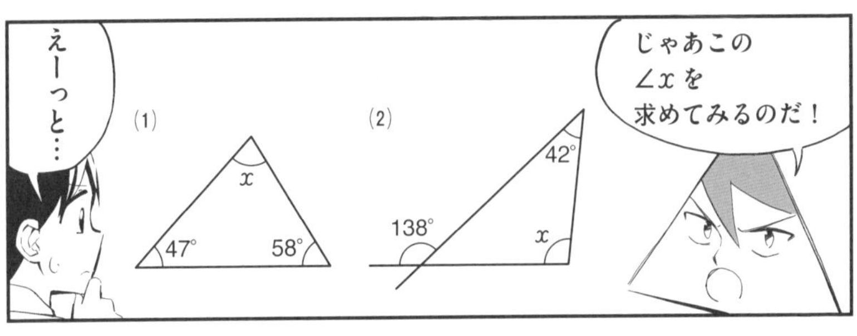

三角形センパイの魅力　その3

多角形の内角の和，外角の和も求められる！

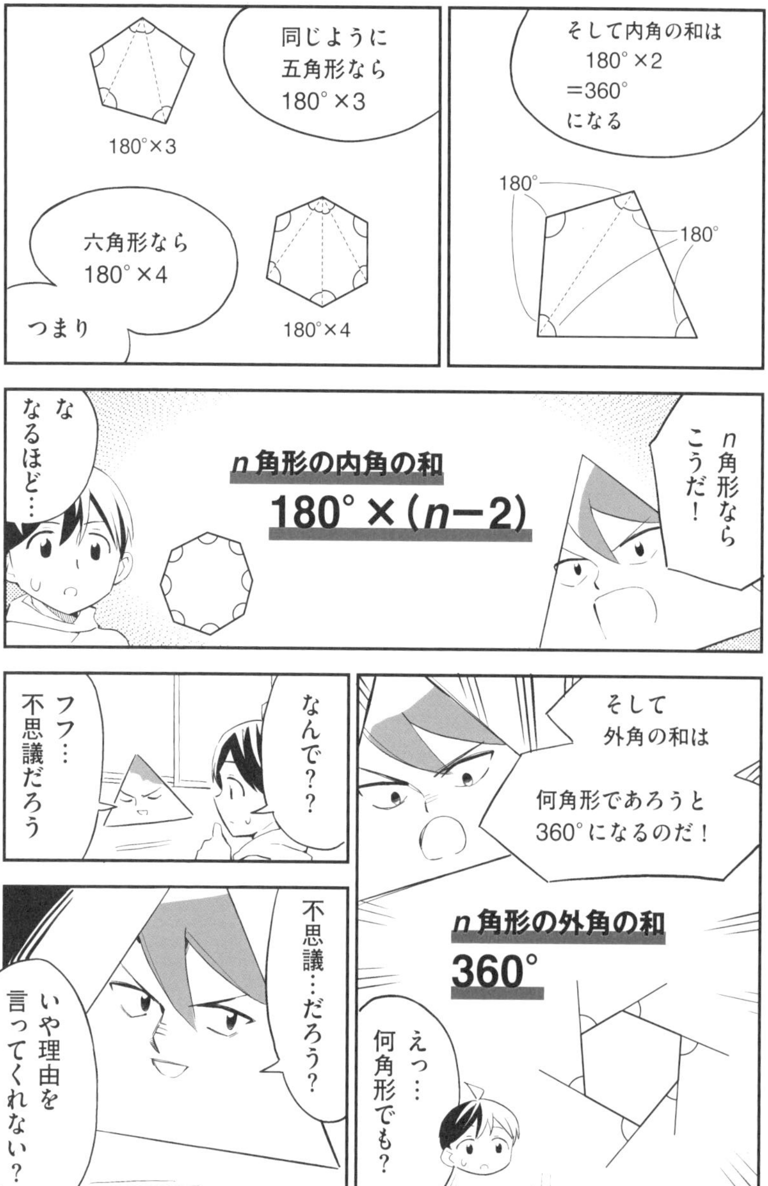

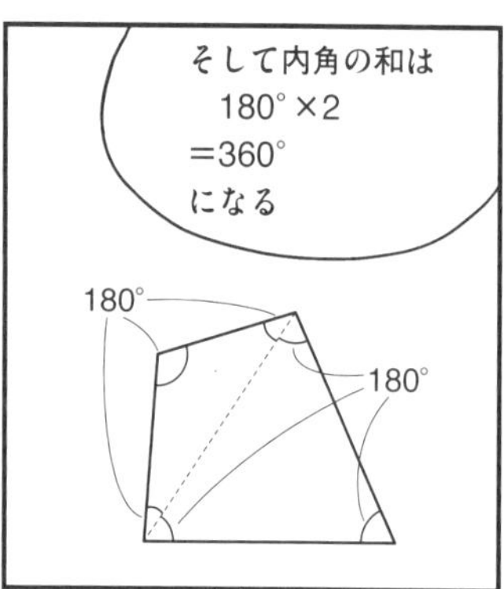

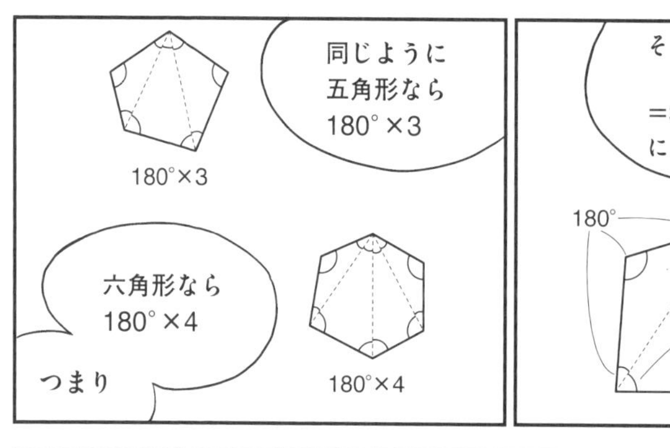

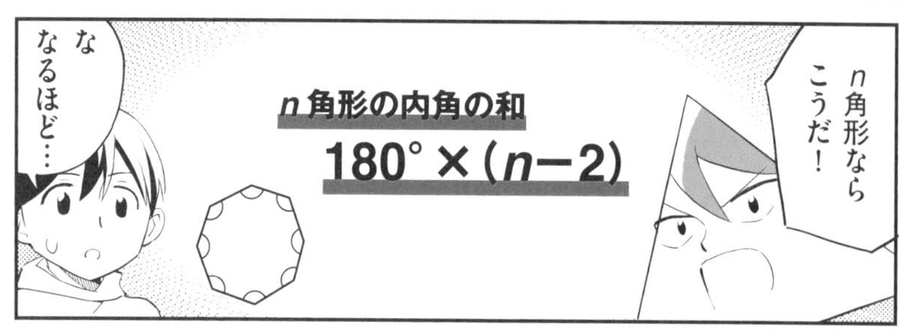

そして
外角の和は

何角形であろうと
360°になるのだ！

n角形の外角の和
360°

えっ…
何角形でも？

なんで？？

フフ…
不思議だろう

不思議…だろう？

いや理由を
言ってくれない？

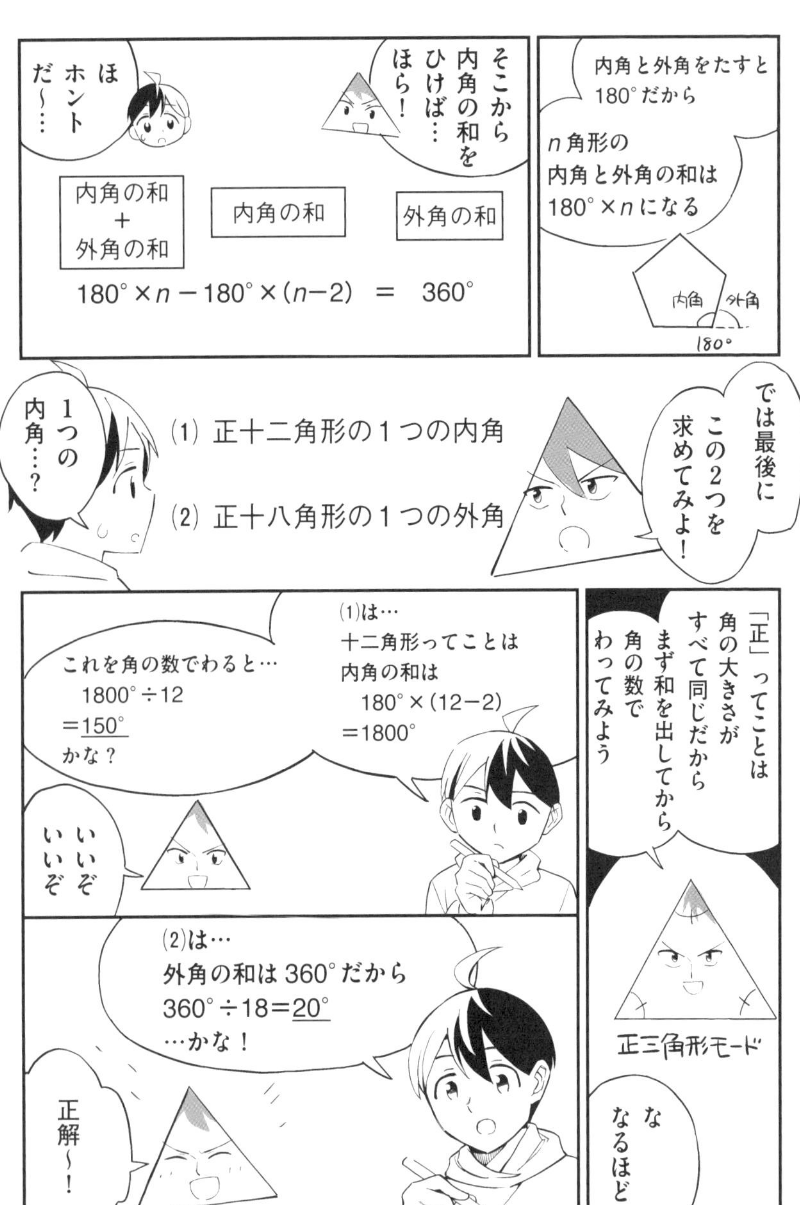

内角と外角をたすと
180°だから
n角形の
内角と外角の和は
180°×nになる
内角
外角
180°
そこから
内角の和を
ひけば…
ほら！
ほ
ホント
だ〜…
内角の和
+
外角の和
内角の和
外角の和
180°×n − 180°×(n−2) ＝ 360°
では最後に
この2つを
求めてみよ！
(1) 正十二角形の1つの内角
(2) 正十八角形の1つの外角
1つの
内角…？
「正」ってことは
角の大きさが
すべて同じだから
まず和を出してから
角の数で
わってみよう
正三角形モード
(1)は…
十二角形ってことは
内角の和は
180°×(12−2)
＝1800°
これを角の数でわると…
1800°÷12
＝150°
かな？
いいぞ
いいぞ
な
なるほど
(2)は…
外角の和は360°だから
360°÷18＝20°
…かな！
正解〜！

ハジメくんも
よく理解してくれた
ようだね！
三角形こそ
すべての多角形の源…
ホワワ…

ポム
おおっ
許された！
よかったね…

オーオオ
三角形こそ
最高～♪
他は
そんなでも
ない～♫
♫三角賛歌
あ

ドバーン
モギャー!!
また
たたられた…

今回
出番なしか～
ってセリフ
一度言って
みたかったのよね
お買いもの中
よかったね～

1

下の図で $\ell \parallel m$ とします。次の空欄をうめましょう。

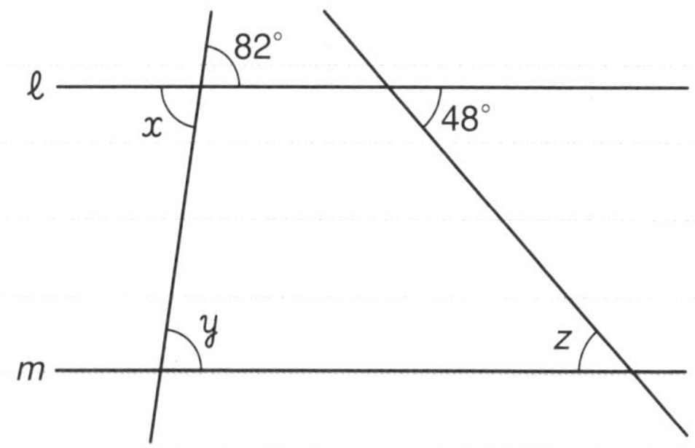

(1) 対頂角は等しいから，$\angle x=$ □°

(2) 平行線の □ 角は等しいから，
$\angle y=$ □°

(3) 平行線の □ 角は等しいから，
$\angle z=$ □°

2

次の問いに，空欄をうめて答えましょう。

(1)　正五角形の1つの内角の大きさを求めましょう。

n角形の内角の和は，$180°\times(n-2)$より，正五角形の内角の和は

$180°\times(\square-2)=180°\times\square=\square°$

正五角形の1つの内角の大きさは，

$\square°\div5=\square°$

(2)　正八角形の1つの外角の大きさを求めましょう。

多角形の外角の和は360°より，

正n角形の1つの外角の大きさは，$360°\div n$

正八角形の1つの外角の大きさは

$360°\div\square=\square°$

答えは次のページへ

1 (1) 対頂角は等しいから，

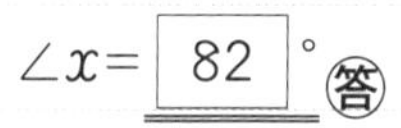

$\angle x =$ 82 °（答）

(2) 平行線の 同位 角は等しいから，

$\angle y =$ 82 °（答）

(3) 平行線の 錯 角は等しいから，

$\angle z =$ 48 °（答）

2 (1) 正五角形の内角の和は，$180° \times (n-2)$に代入して

$180° \times ($ 5 $-2) = 180° \times$ 3 $=$ 540 °

正五角形の1つの内角の大きさは，

540 ° $\div 5 =$ 108 °（答）

(2) 正八角形の1つの外角の大きさは，

$360° \div n$に代入して

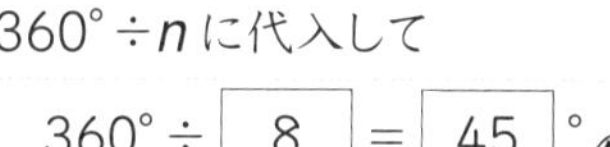

$360° \div$ 8 $=$ 45 °（答）

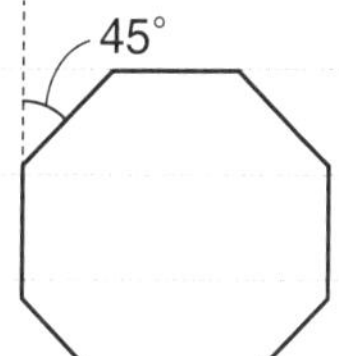

下――巻!!
のばすとこヘン!

1-3

三角形の合同

これが合同だー!
ドーーン
急に何…って
2人!?
分身の術でゴザルよニンニン
あぁ分身…
なにその急な忍者キャラアピール…
合同というのは?
カンタンに言うと「ぴったり同じ形」
す

平面上の2つの図形で
一方を移動したり裏返しにしたりすることで他方にぴったり重ね合わせられるとき
ぴったり
この2つの図形は合同であるというよ
なるほど…

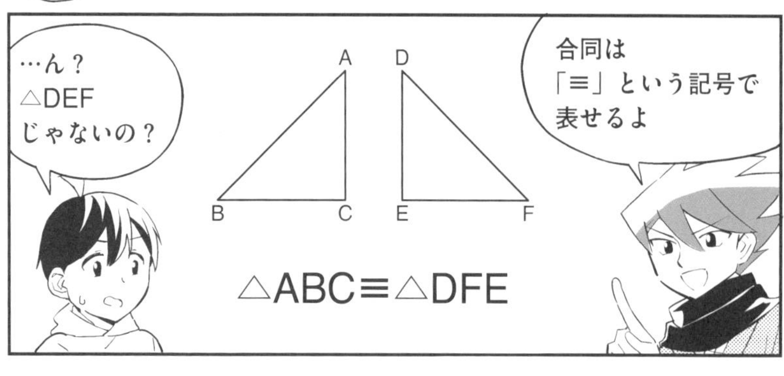
合同は「≡」という記号で表せるよ
…ん？
△DEF
じゃないの？
A
D
B
C
E
F
△ABC≡△DFE

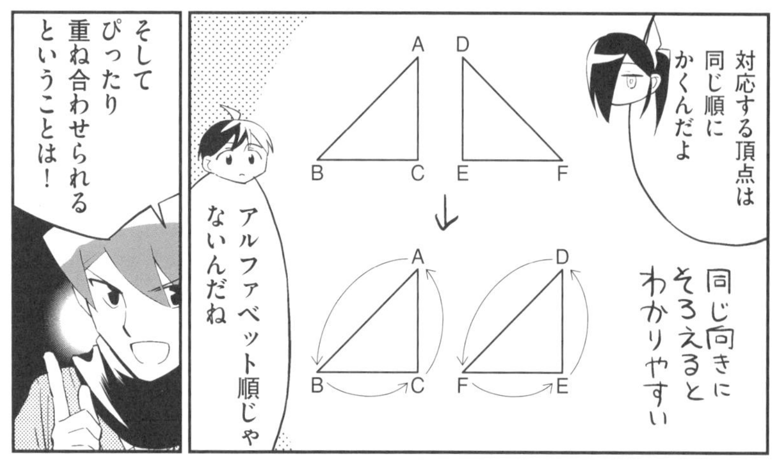
対応する頂点は同じ順にかくんだよ
アルファベット順じゃないんだね
A
D
B
C
E
F
A
D
B
C
F
E
同じ向きにそろえるとわかりやすい
そしてぴったり重ね合わせられるということは！

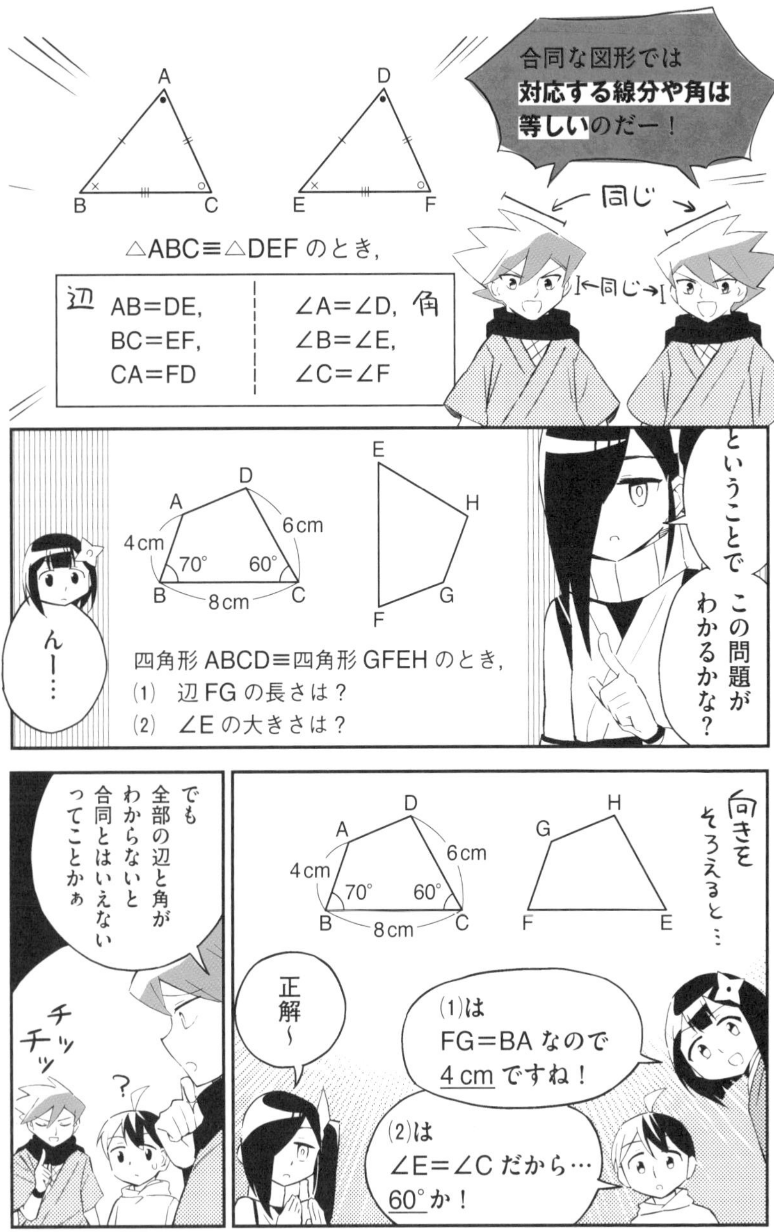

合同な図形では**対応する線分や角は等しい**のだー！

同じ

同じ

$\triangle ABC \equiv \triangle DEF$ のとき，

辺	角
AB＝DE,	∠A＝∠D,
BC＝EF,	∠B＝∠E,
CA＝FD	∠C＝∠F

ということで この問題がわかるかな？

んー…

四角形 ABCD≡四角形 GFEH のとき，

(1) 辺 FG の長さは？

(2) ∠E の大きさは？

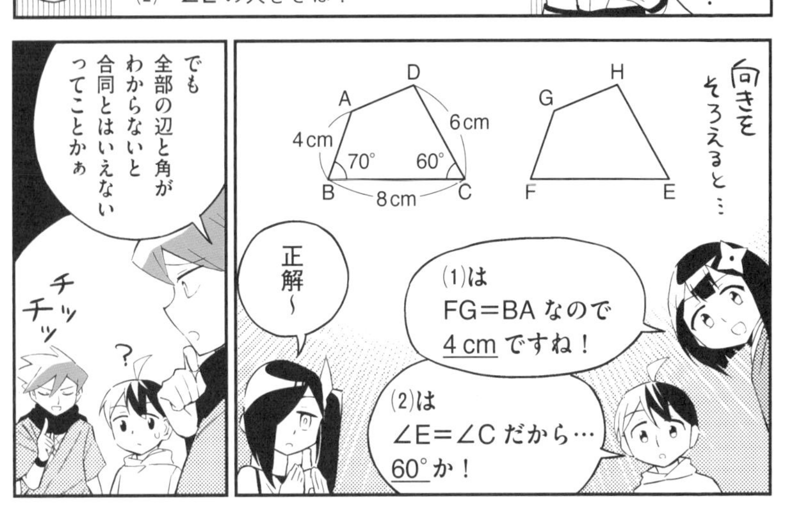

実は
三角形の場合
そこまで
わからなくても
合同とわかる
条件があるんだ！
えーっ⁉
むなしく
ならないのかな…
それがこの
三角形の合同条件！
3組の辺が，
それぞれ等しい。
2組の辺とその間の角が，
それぞれ等しい。
1組の辺とその両端(りょうたん)の角が，
それぞれ等しい。
このうち
どれか1つでも
満たせば
合同だと
いえるのだ！
どれか1つで
いいんですね！
ではここで問題!!
2人同時に
しゃべらないで！
問題ね！

この三角形と
合同な三角形を
3つ選ぶのだ！
そして
使った合同条件も
教えてくれ！

㋐ 4cm 90° 3cm

㋑ 60° 4cm 4cm

㋒ 5cm 4cm 3cm

㋓ 3cm 90° 6cm

㋔ 30° 60° 3cm

ええーと…

この三角形

4cm 90° 3cm 60° 5cm

㋐は
合同ですよね
なぜなら
2組の辺と
その間の角が
等しい
ですから！

㋒も…
3組の辺が
等しいから
合同だよね

…あと
1つ？

三角形の内角は
180°だから…

ぬ…

えっ

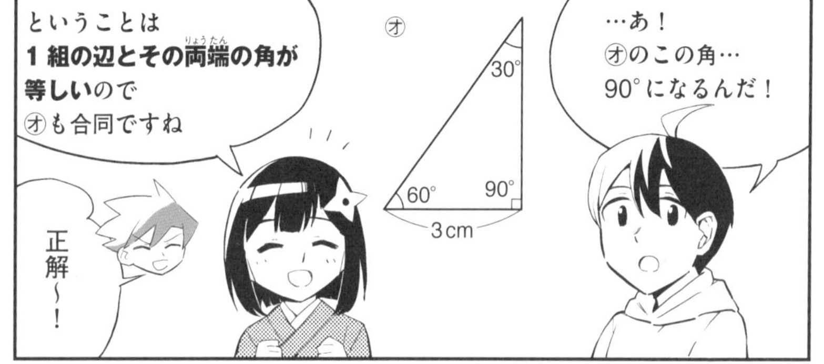

これで
ボクの役目は
終わったね…
スウ…
あ
分身が消える…
成仏する
みたいに…
でも…
分身の術って
すごいね
どうやって
やるの？
うむ…
ではやって
みせよう！

まず
素早い動きの中に
緩急をつけ
残像をつくり出す
スス…
す
すごい…

で
この動きをやると
すっごい疲れる！
え？
疲れて体から
湯気が出てくる！
その湯気が
分身になる
ってわけ！
どういう
仕組みなんだよ！

1-4

図形の証明

さあ今回は
中学数学の山場
「証明」
ズズィ…
ボクも
本気でいこう…
あ
あれは…
な
何!?

あれは
鬼モード…
知能とひきかえに
パワーを大幅に
アップする術です!
グオオオオォ
じゃあ
ダメじゃん!

あれは
さておき
数学で
こういう形の
文章があるとき
○○○ならば, □□□
仮定
結論
「ならば」の前を仮定
「ならば」の後を結論
というよ
グオオオォ
ならば…
たとえば?
さて
おかれた…

xが6の倍数　ならば　xは3の倍数である。
仮定→ x は6の倍数
結論→ x は3の倍数
こういう感じだよ
△ABC≡△DEF　ならば　∠A＝∠D
仮定→△ABC≡△DEF
結論→∠A＝∠D
なるほど〜
肉 ならば うまい!!
仮定
結論
知能を捨てた人はだまっててくれるかな
グバ
ではこの文章の仮定と結論は何か＝などの記号を使って表してみよう
△ABC で，
3辺が等しければ，
3つの角は等しい。
記号を使って…？
えっと まず…
仮定→ 3 辺が等しい
結論→ 3 つの角は等しい
だよね
それを記号を使って表すと…
仮定→ AB＝BC＝CA
結論→∠A＝∠B＝∠C
でしょうか！
正解〜

そして
すでに正しいと認められたことがらを根拠にして

証明

仮定

根拠

根拠

結論

…ならば

…となり

…なので

…である!

仮定から結論を導くことを**証明**という

証明…!

まあ
ちゃんと証拠を出して説明しよう!ってことだね

○

…以上のことから犯人はあなた以外ありえません

×

おまえあやしいから犯人!

こんな探偵やだなあ…

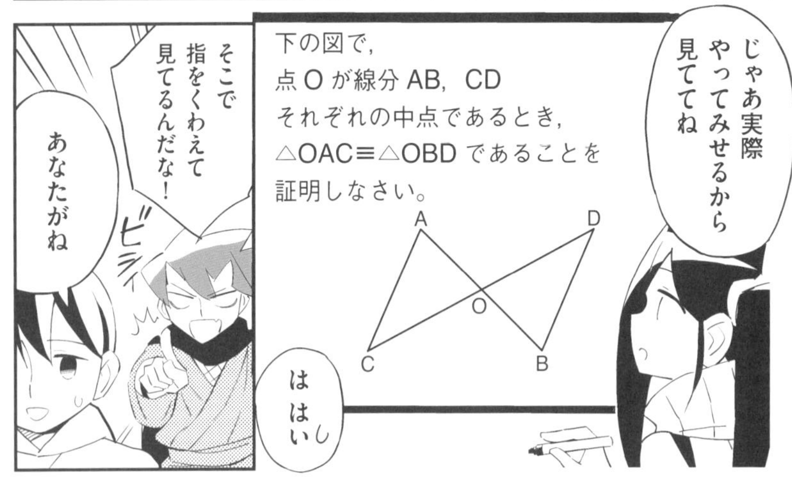

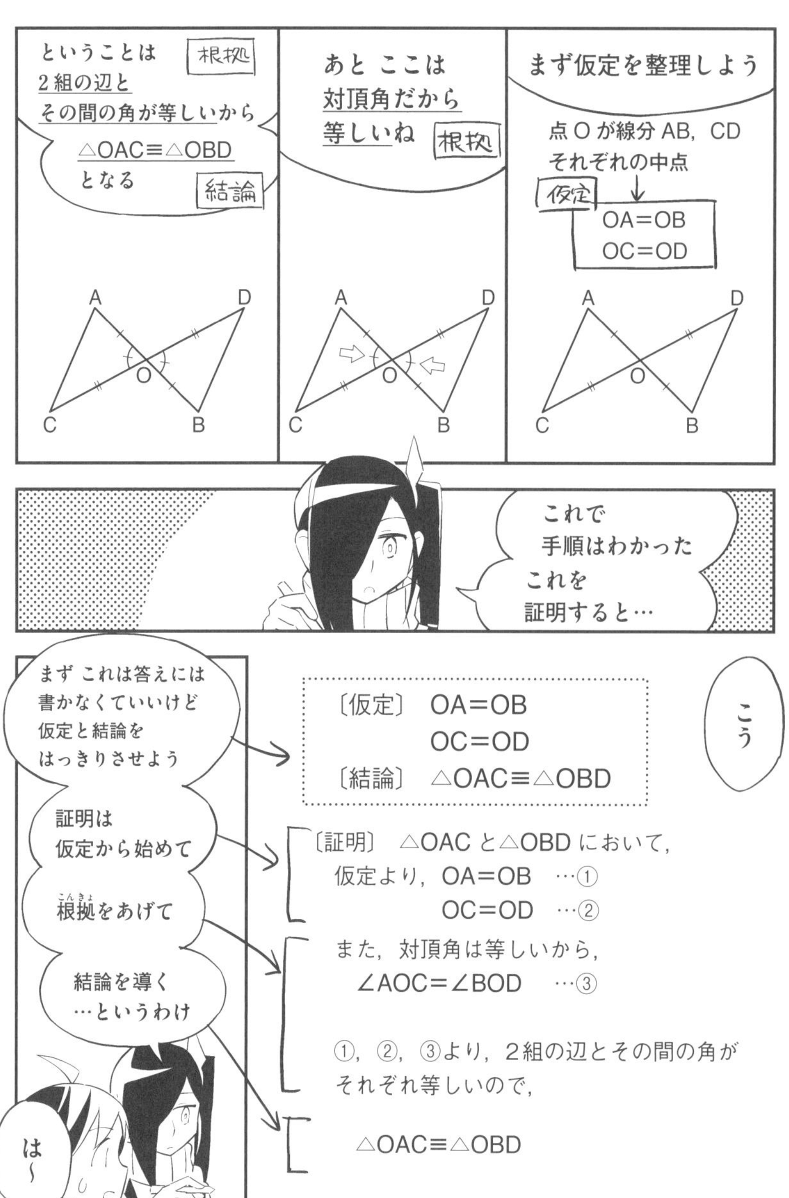
まず仮定を整理しよう
点Oが線分AB，CD
それぞれの中点
仮定
OA＝OB
OC＝OD
A
D
O
C
B
あと ここは
対頂角だから
等しいね
根拠
A
D
O
C
B
ということは
2組の辺と
その間の角が等しいから
△OAC≡△OBD
となる
根拠
結論
A
D
O
C
B
これで
手順はわかった
これを
証明すると…
まず これは答えには
書かなくていいけど
仮定と結論を
はっきりさせよう
〔仮定〕 OA＝OB
OC＝OD
〔結論〕 △OAC≡△OBD
こう
証明は
仮定から始めて
根拠（こんきょ）をあげて
結論を導く
…というわけ
〔証明〕 △OACと△OBDにおいて，
仮定より，OA＝OB …①
OC＝OD …②
また，対頂角は等しいから，
∠AOC＝∠BOD …③
①，②，③より，2組の辺とその間の角が
それぞれ等しいので，
△OAC≡△OBD
は～

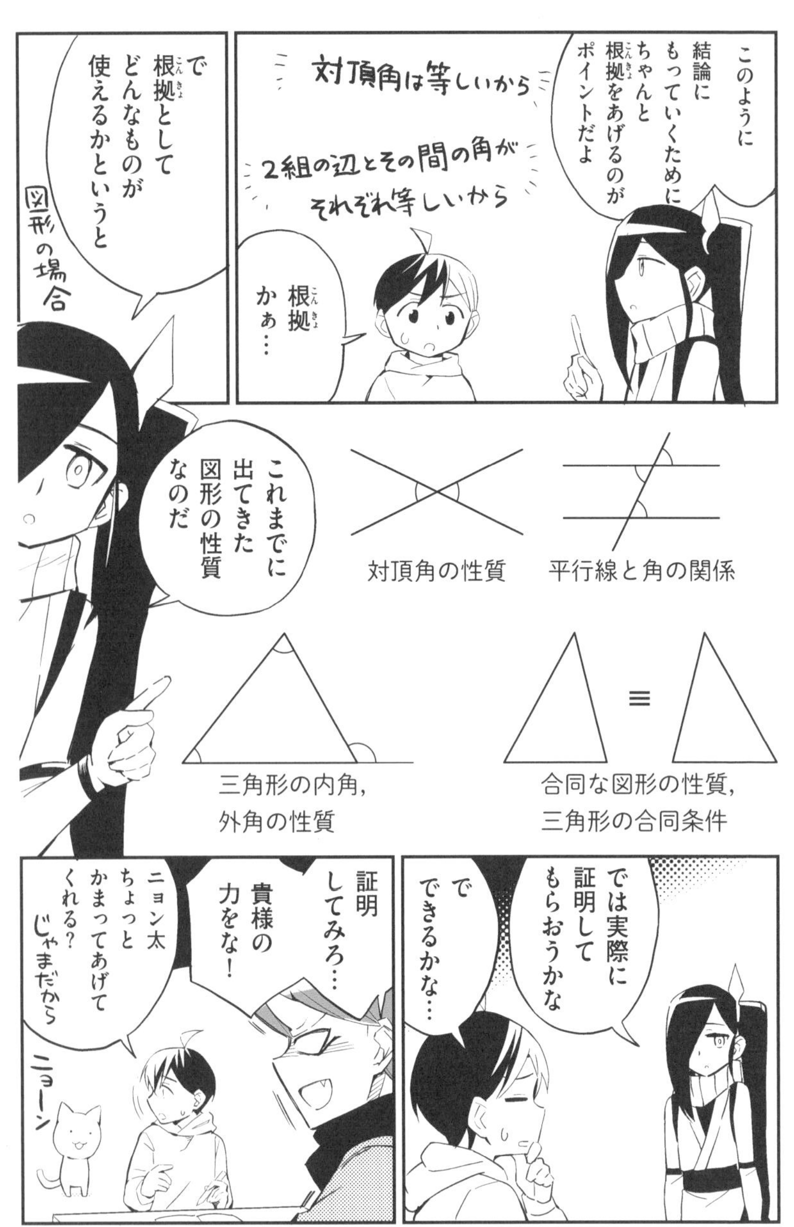

このように
結論に
もっていくために
ちゃんと
根拠をあげるのが
ポイントだよ
対頂角は等しいから
2組の辺とその間の角が
それぞれ等しいから
根拠かぁ…
で
根拠として
どんなものが
使えるかというと
図形の場合
これまでに
出てきた
図形の性質
なのだ
対頂角の性質
平行線と角の関係
三角形の内角，
外角の性質
合同な図形の性質，
三角形の合同条件
≡
では実際に
証明して
もらおうかな
で
できるかな…
証明
してみろ…
貴様の
力をな！
ニョン太
ちょっと
かまってあげて
くれる？
じゃまだから
ニョーン

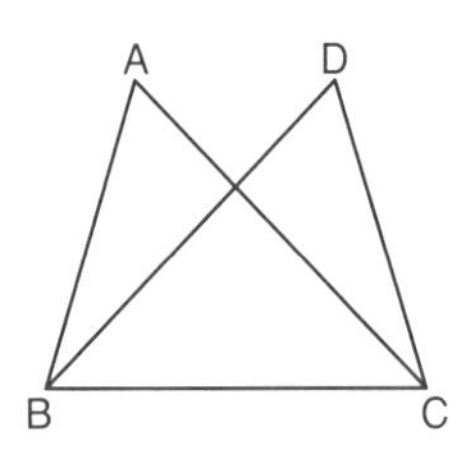

上の図で，
AB＝DC，
∠ABC＝∠DCB であるとき，
AC＝DB であることを
証明しなさい。

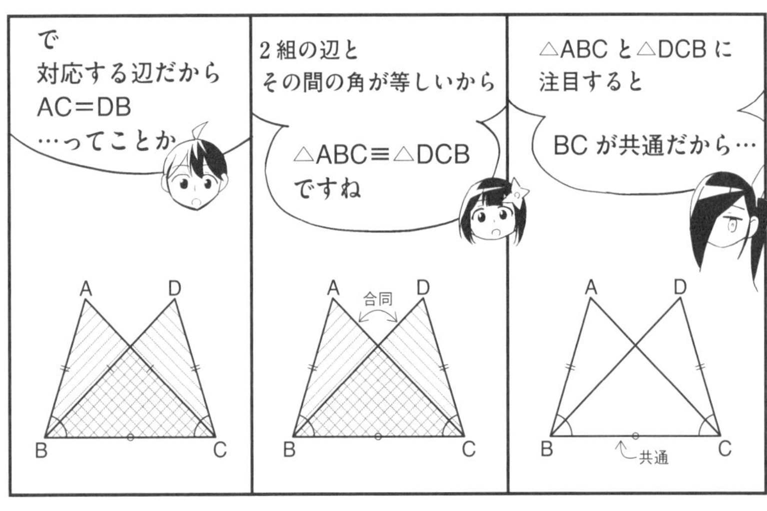

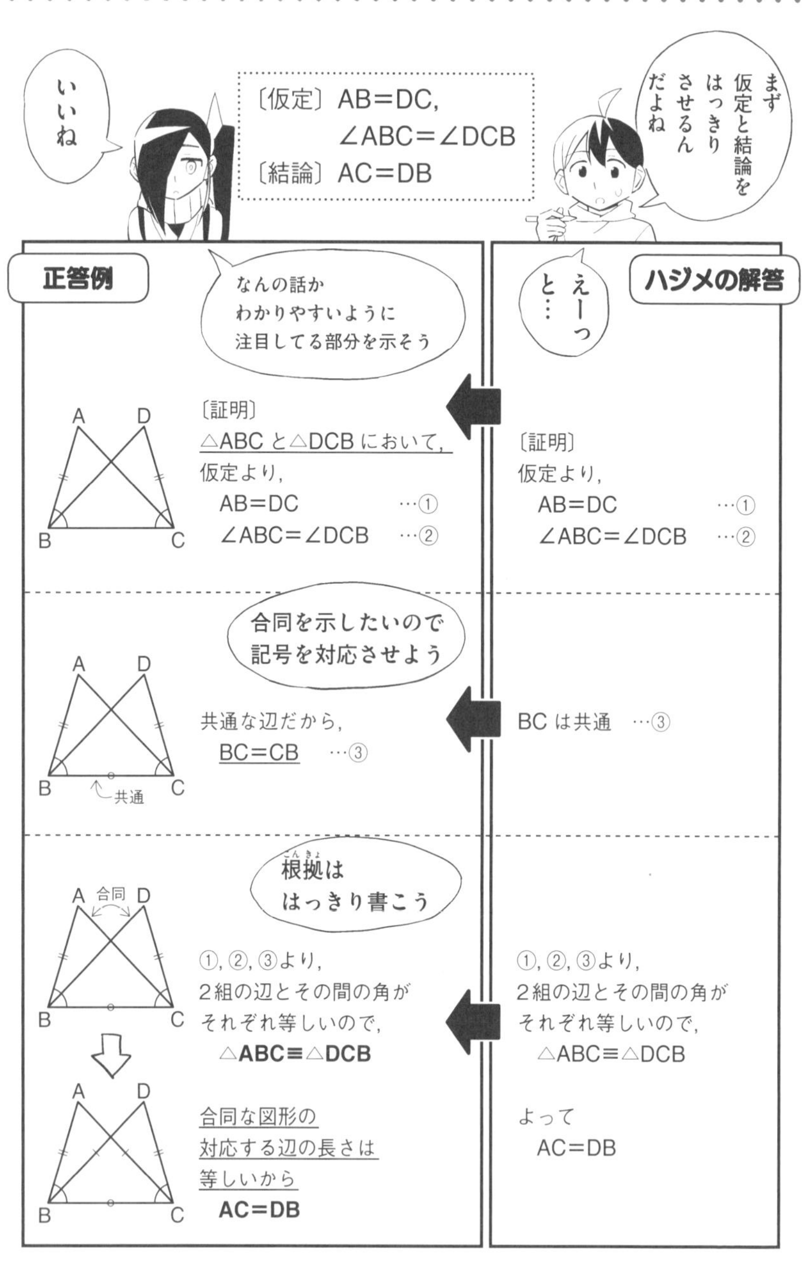

まず仮定と結論をはっきりさせるんだよね
〔仮定〕AB＝DC,
∠ABC＝∠DCB
〔結論〕AC＝DB
いいね
ハジメの解答
えーっと…
正答例
なんの話か
わかりやすいように
注目してる部分を示そう
〔証明〕
△ABCと△DCBにおいて,
仮定より,
AB＝DC …①
∠ABC＝∠DCB …②
A
D
B
C
〔証明〕
仮定より,
AB＝DC …①
∠ABC＝∠DCB …②
合同を示したいので
記号を対応させよう
共通な辺だから,
BC＝CB …③
共通
BC は共通 …③
根拠(こんきょ)は
はっきり書こう
合同
①, ②, ③より,
2組の辺とその間の角が
それぞれ等しいので,
△ABC≡△DCB
合同な図形の
対応する辺の長さは
等しいから
AC＝DB
①, ②, ③より,
2組の辺とその間の角が
それぞれ等しいので,
△ABC≡△DCB
よって
AC＝DB

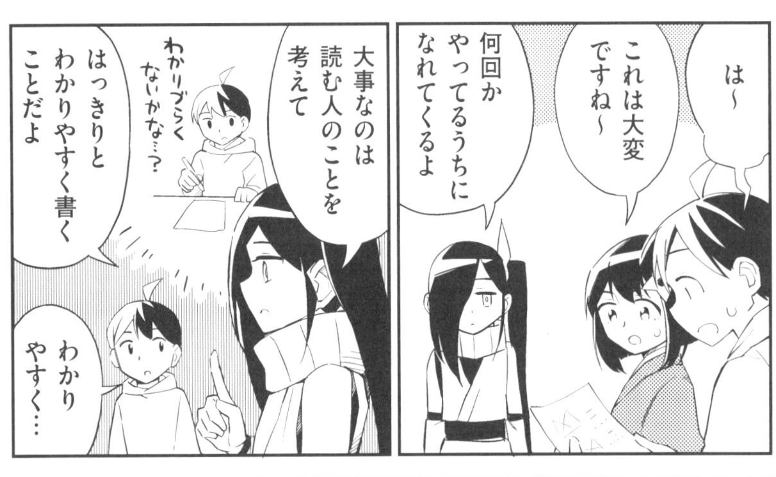
は〜
これは大変
ですね〜
何回か
やってるうちに
なれてくるよ
大事なのは
読む人のことを
考えて
わかりブラく
ないかな…？
はっきりと
わかりやすく書く
ことだよ
わかり
やすく…

というわけで
今回はこれで
終わり
終わりだよ…
もう…
何もかも…
何もかも!?
ハッ
ボクは…
シュウウ…
あ
もどった

ではまず
仮定と結論について
覚えよう！
肉 ならば うまい
仮定
結論
ビシ！
元にもどっても
一緒だった…
もう全部
おわったよ

COLUMN

VOL 1

円グラフの注意点、知っていますか？

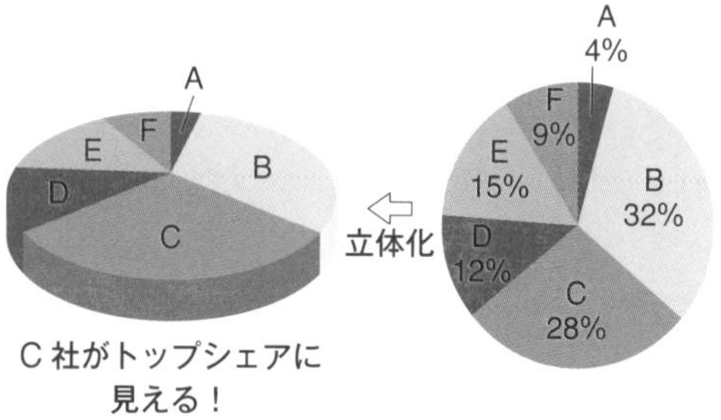

大人になって、よく使うグラフというと、棒グラフと円グラフでしょう。なかでも、市場シェアなどを表わすための円グラフはよく見かけます。しかし、こんな使い方をしてはダメという「円グラフの注意点」を知らずに使っているビジネスパーソンも多いようです。あなたはご存知でしょうか？

C社がトップシェアに
見える！

第一の注意点は、円グラフを立体化（3次元グラフ）するのは避けたほうがよい、ということ。ビジネス現場では少しでも見栄えの良いグラフを顧客に見せたいと考えがちです。このため、上の左図のような立体化した円グラフを描いたりするのですが、これを見るとC社がいちばん大きなシェアを握っているように見えます（実際には右のグラフのようにB社）。

円グラフを立体化すると、いちばん下に配置されたものが実際より大きなスペースを取ることになります。これはある程度、人をだますテクニックとして知られていることですから、相手はグラフの出来映えに感心するどころか、そんなグラフを示したC社のあなたを信用しなくなります。

二つ目の注意点は、円グラフは複数回答の処理には使えない、ということです。アンケートの回答には、単一回答と複数回答の2種類があります。単一回答は「次のケーキの中でいちばん好きなものは？」のように一つだけ選ぶ回答スタイルです。それに対し、複数回答とは「次の中で、好きなケーキをいくつでも選んでください」のように複数を選べるタイプです。単一回答の場合は円グラフにできますが（１００％になる）、複数回答ではできません（代わりに棒グラフを使います）。

一般に、ビジネス現場では円グラフを安易に使いがちですが、科学技術分野、とくに研究者レベルで円グラフを使うシーンはほとんど見かけません。それは円グラフが視覚効果は大きいものの、不正確に陥りやすいからでしょう。

やってみよう

VOL—2

1

次の空欄をうめて，右の△ABCと合同な三角形を求めましょう。

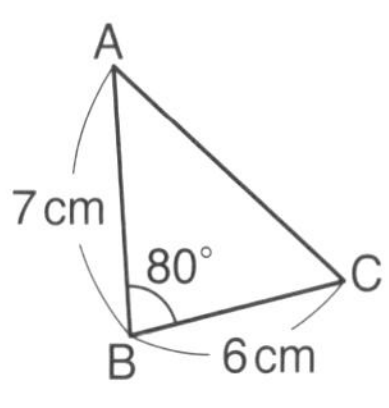

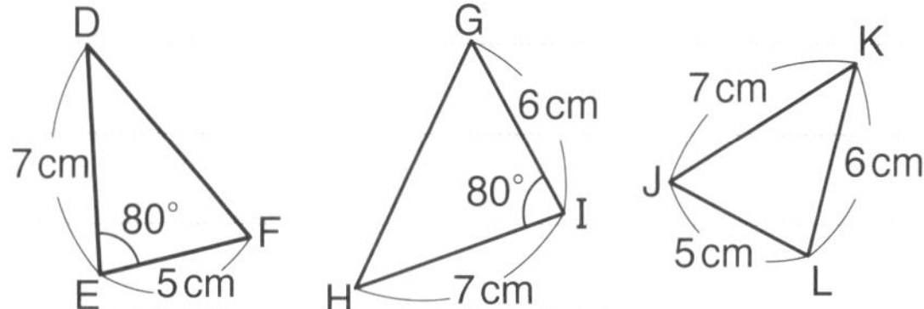

△ABC と△ □ で，

AB= □ =7 cm ……①

BC= □ =6 cm ……②

∠B=∠ □ = □ ° ……③

①，②，③より，

□ がそれぞれ等しいので，

△ABC≡△ □

2

右の図で，AB=CD，BC=DA
ならば∠B=∠D です。
このことを，空欄をうめて
証明しましょう。

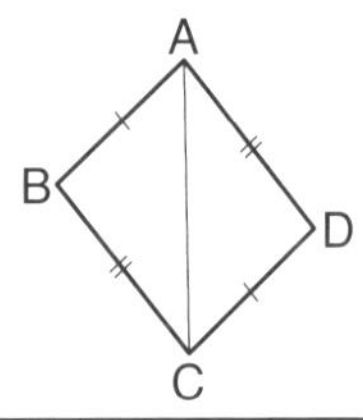

〔証明〕

△ABC と△CDA において，

仮定より，AB=CD ……①

[　　　　] ……②

共通な辺だから

AC=[　　] ……③

①，②，③より，

[　　　　　　] がそれぞれ等しいので，

△ABC ≡△CDA

合同な図形の対応する [　　] は等しいから，

∠B=∠D

答えは次のページへ

 (1) △ABC と△ HIG で,

AB= HI =7 cm ……①

BC= IG =6 cm ……②

∠B=∠ I = 80 ° ……③

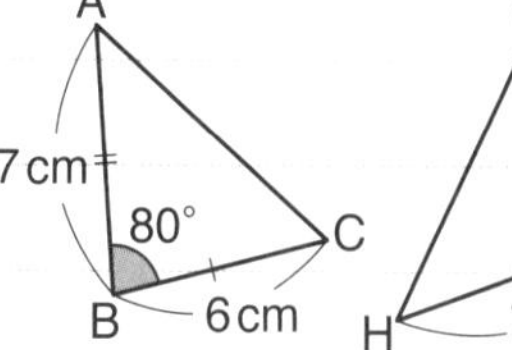

①,②,③より, 2組の辺とその間の角 がそれぞれ等しいので,
（三角形の合同条件）

△ABC≡△ HIG 答

2 〔証明〕

△ABC と△CDA において,

仮定より, AB=CD ……①

BC=DA ……②

共通な辺だから

AC= CA ……③

①, ②, ③より, 3組の辺が がそれぞれ等しいので,
（三角形の合同条件）

△ABC ≡△CDA

合同な図形の対応する 角 は等しいから, ∠B=∠D
（結論）

第2章
図形の性質

2-1

二等辺三角形、直角三角形

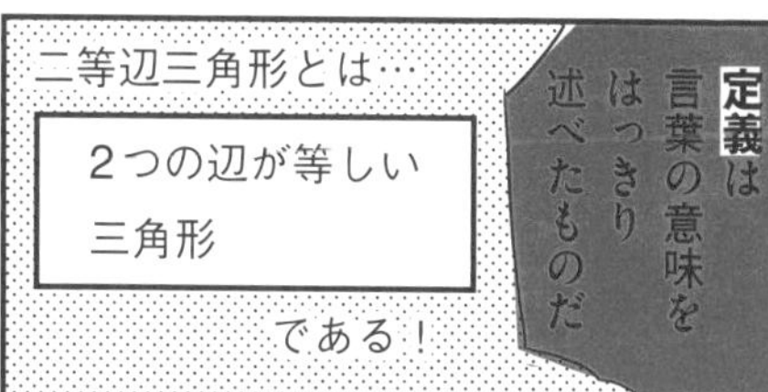

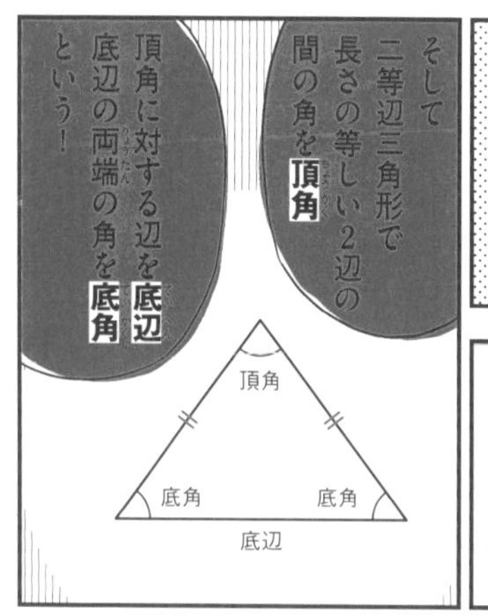

たとえば二等辺三角形ならこんな定理がある！

二等辺三角形の性質

・二等辺三角形の**2つの底角は等しい**。

・二等辺三角形の**頂角の二等分線は，底辺を垂直に2等分する**。

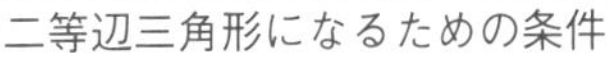

二等辺三角形になるための条件

・2つの角が等しい三角形は，**等しい2つの角を底角とする二等辺三角形**である。

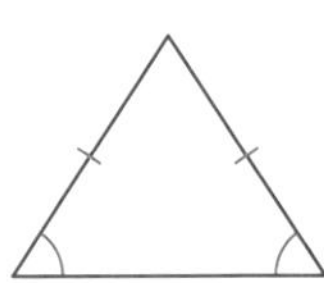

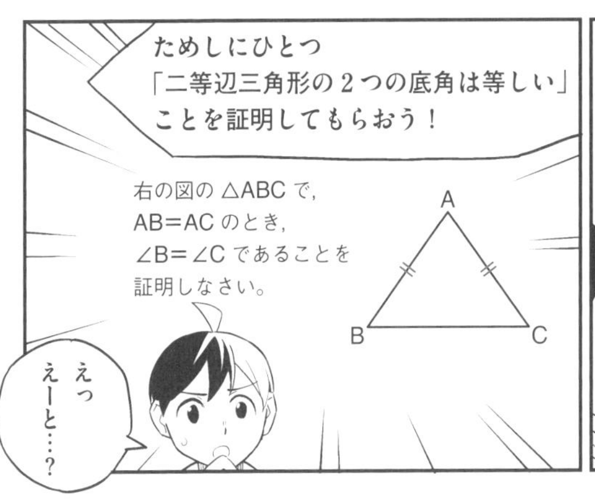

証明は…こうでしょうか

∠Aの二等分線をひき，BCとの交点をDとする。

△ABDと△ACDにおいて，
仮定より，AB＝AC　…①
ADは∠Aの二等分線だから，
　∠BAD＝∠CAD　…②
共通な辺だから，AD＝AD　…③

①～③より，2組の辺とその間の角がそれぞれ等しいから，
　△ABD≡△ACD

合同な図形の対応する角は等しいから，
　∠B＝∠C

正三角形の性質

・正三角形の**3つの内角は等しい**。

正三角形になるための条件

・**3つの角が等しい三角形は，正三角形である**。

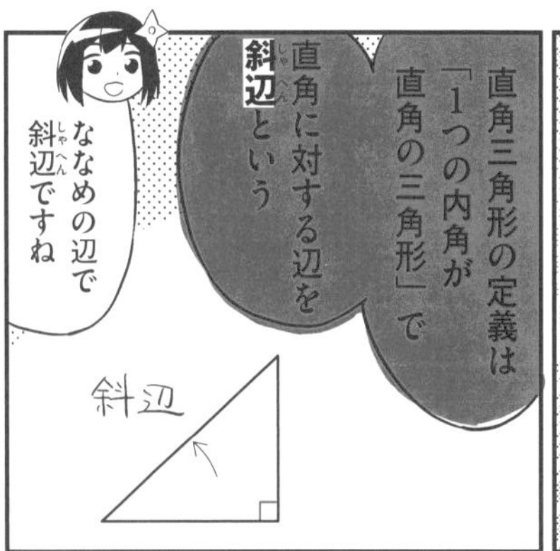

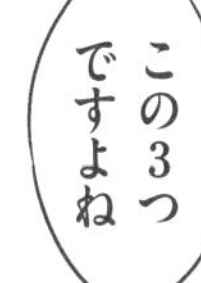

3組の辺が,
それぞれ等しい。

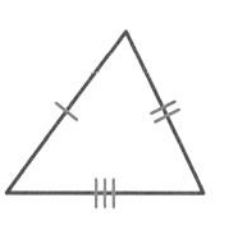
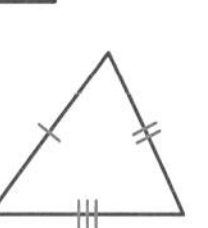

2組の辺と
その間の角が,
それぞれ等しい。

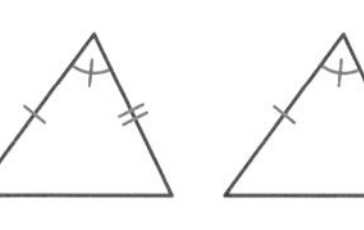

1組の辺と
その両端の角が,
それぞれ等しい。

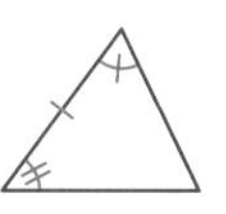

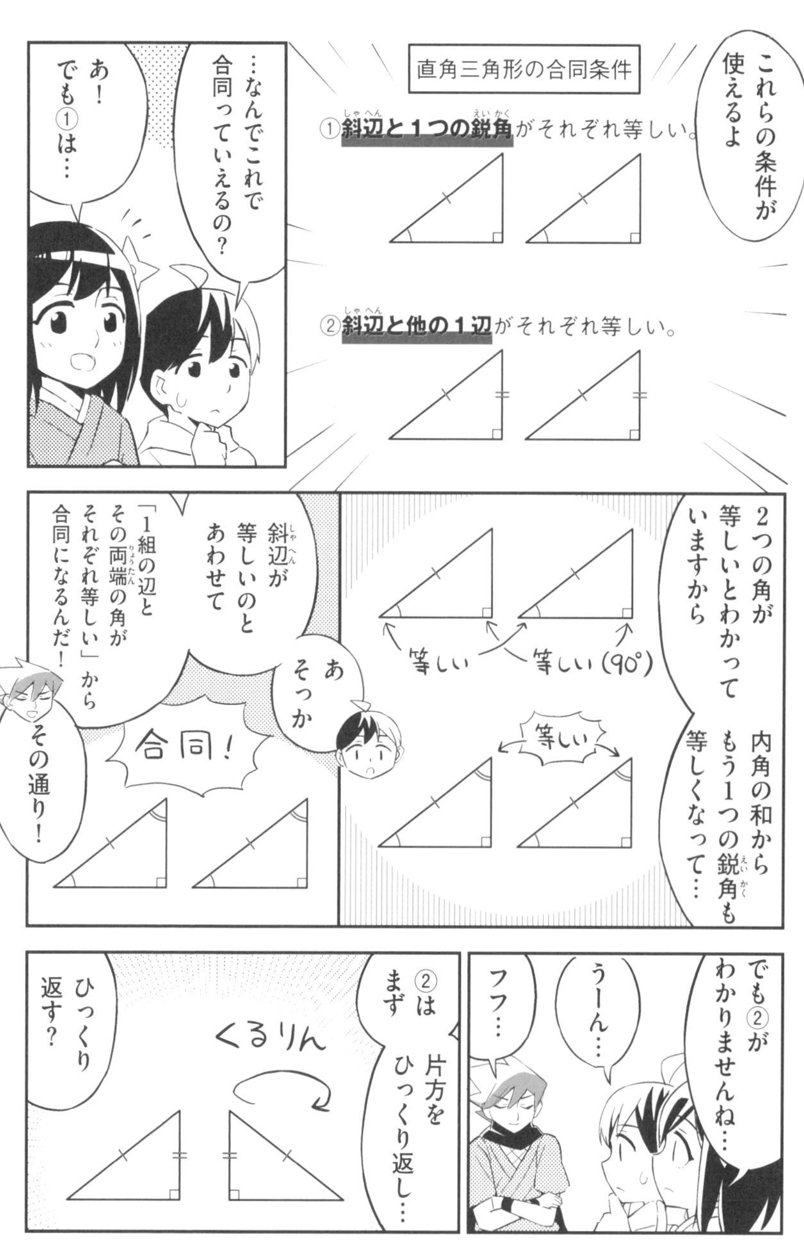
これらの条件が使えるよ
直角三角形の合同条件
①斜辺と1つの鋭角がそれぞれ等しい。
②斜辺と他の1辺がそれぞれ等しい。
…なんでこれで合同っていえるの?
あ! でも①は…
2つの角が等しいとわかっていますから
等しい
等しい(90°)
内角の和からもう1つの鋭角も等しくなって…
等しい
斜辺が等しいのとあわせて
「1組の辺とその両端の角がそれぞれ等しい」から合同になるんだ!
あ そっか
合同!
その通り!
でも②がわかりませんね…
うーん…
フフ…
②はまず
片方をひっくり返し…
くるりん
ひっくり返す?

斜辺以外の等しい辺をくっつけると二等辺三角形になる！
あっ…
ピタッ
90°＋90°＝180°で直線になる！
二等辺三角形ということは底角が等しい
すると「斜辺と1つの鋭角がそれぞれ等しい」ので合同といえるのだ！
合同
すごい…こんなやり方があるんですね～
いやあ大したことないって
ジョーさんが謙遜することじゃないでしょ
では最後に問題だ！
また証明か～
A
E
D
B
C
上の図の△ABCで，
頂点B，Cから辺AC，ABに
それぞれ垂線BD，CEをひく。
このとき，BD＝CEならば，
△ABCは二等辺三角形であることを
証明しなさい。
考え中…
ぐる
ぐる
できた！

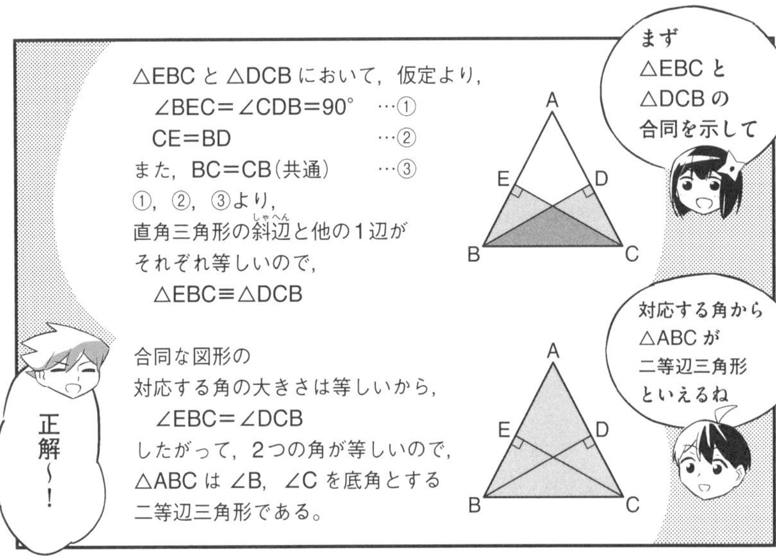

△EBC と △DCB において，仮定より，

∠BEC＝∠CDB＝90°　…①

CE＝BD　…②

また，BC＝CB（共通）　…③

①，②，③より，

直角三角形の斜辺（しゃへん）と他の１辺がそれぞれ等しいので，

△EBC≡△DCB

合同な図形の対応する角の大きさは等しいから，

∠EBC＝∠DCB

したがって，２つの角が等しいので，

△ABC は ∠B，∠C を底角とする二等辺三角形である。

というわけで今回はこれまで！

もはやこれまで！

え 死ぬの？

次回は別のある図形についてだ！

ある図形？

ヒントは…

このシルエットだ！

だーれだー！

平行四辺形ですね

平行四辺形だね…

バレバレだった

2-2

平行四辺形

うーん…

眠れないのかい?
あ うん…
昼寝したからかな

よーし
じゃあボクが絵本を読んであげよう
いいよ子どもじゃないんだから

四角形で向かい合う辺を対辺 向かい合う角を対角といい
ん?

平行四辺形とは
2組の対辺がそれぞれ平行な四角形(定義)のことです
え 数学?

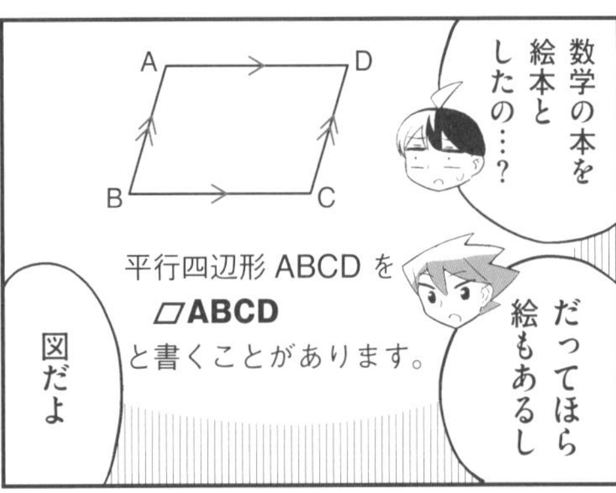
数学の本を絵本としたの…？
だってほら絵もあるし
A
D
B
C
平行四辺形 ABCD を
▱ABCD
と書くことがあります。
図だよ

ほらつづけるから目を閉じて聞いててよ
わわかったよ

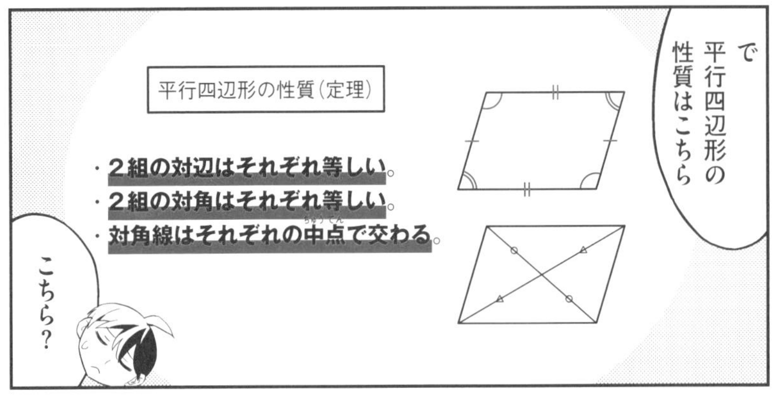
で平行四辺形の性質はこちら
平行四辺形の性質（定理）
・２組の対辺はそれぞれ等しい。
・２組の対角はそれぞれ等しい。
・対角線はそれぞれの中点で交わる。
こちら？

ほら見て！平行四辺形の性質だよ！楽しいよ！
目閉じさせてくれないの!?
ではまずこいつを証明するぞ～
はあ…
平行四辺形ならば…
・２組の対角はそれぞれ等しい。

補助線をひき…

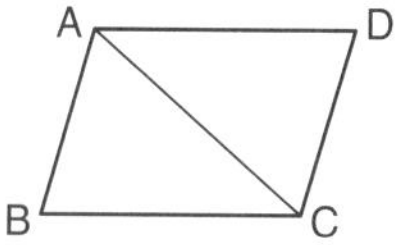

四角形 ABCD は平行四辺形なので，
　AB∥DC，AD∥BC
▱ABCD に対角線 AC をひく。

△ABC と △CDA において，
　AC＝CA（共通）　…①

合同を示し…

平行線の錯角（さっかく）は等しいから，
AB∥DC より，
　∠BAC＝∠DCA　…②
AD∥BC より，
　∠ACB＝∠CAD　…③

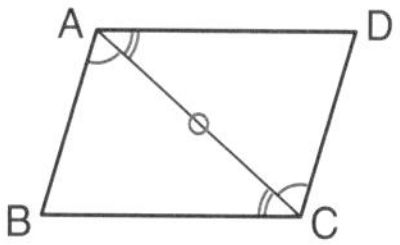

①，②，③より，
1組の辺とその両端（りょうたん）の角がそれぞれ等しいので，
　△ABC≡△CDA

角の対応を示す！

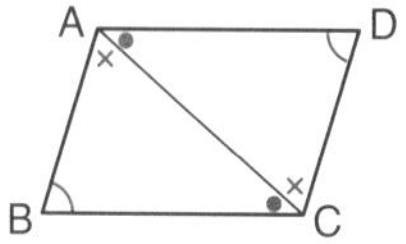

合同な図形の
対応する角の大きさは
等しいから，
　∠B＝∠D
また，
　∠BAD＝∠BAC＋∠CAD
　　　　＝∠DCA＋∠ACB
　　　　＝∠DCB
よって，平行四辺形の2組の対角は
それぞれ等しい。

なるほど〜…

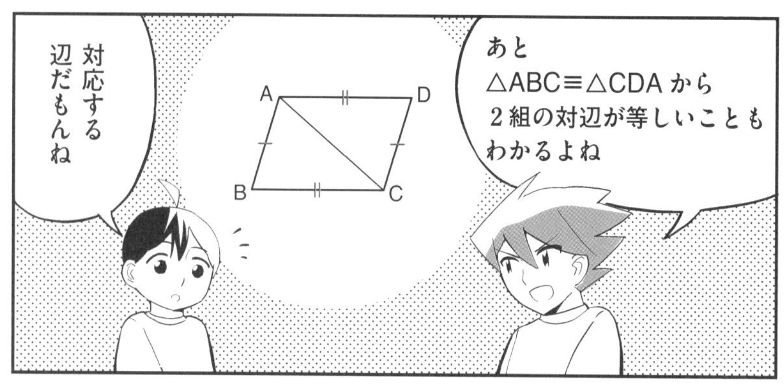

平行四辺形ならば…

・**対角線はそれぞれの中点で交わる**。

補助線！

対角線 AC，BD をひき，
その交点を O とする。

合同！

△OAB と △OCD において，
平行四辺形の対辺だから，
AB＝CD ……①
AB∥DC より，錯角が等しいから，
∠BAO＝∠DCO ……②
∠ABO＝∠CDO ……③
①，②，③より，
1組の辺とその両端の角がそれぞれ等しいので，
△OAB≡△OCD

辺の対応！

よって，
OA＝OC，OB＝OD だから，
平行四辺形の対角線は
それぞれの中点で交わる。

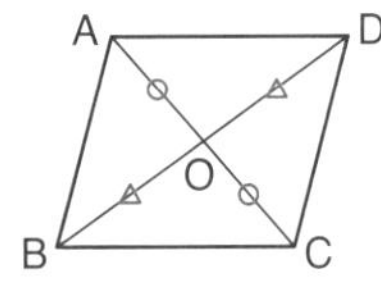

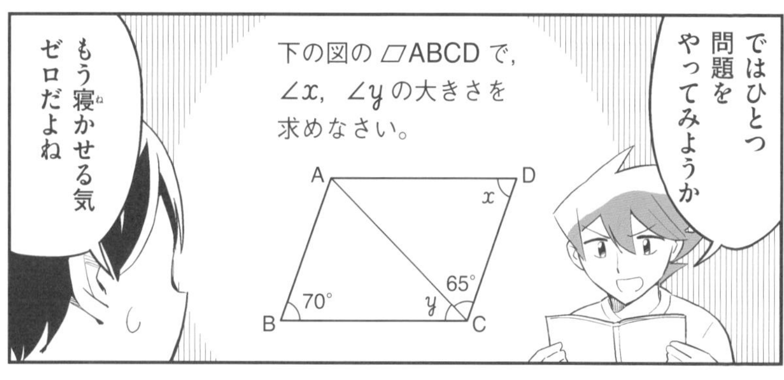
ではひとつ問題をやってみようか
下の図の▱ABCDで，∠x，∠yの大きさを求めなさい。
A
D
x
65°
70°
y
B
C
もう寝かせる気ゼロだよね

う〜ん…
対角が等しいってことは
∠xは∠Bと等しいから…70°だよね
A
D
x
70°
B
C

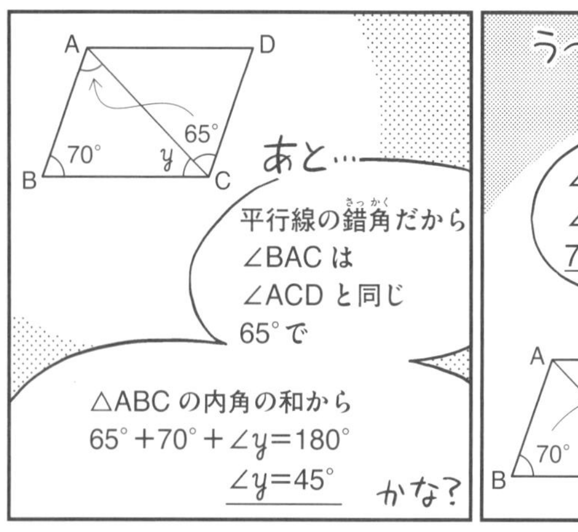
A
D
65°
70°
y
B
C
あと…
平行線の錯角だから∠BACは∠ACDと同じ65°で
△ABCの内角の和から
65°+70°+∠y=180°
∠y=45°
かな?

…正解!
正解!
…どっち!?
正解なんだよね!?
アオーン…

平行四辺形になるための条件（定理）

①**2組の対辺がそれぞれ平行**である。（定義）

②**2組の対辺がそれぞれ等しい**。

③**2組の対角がそれぞれ等しい**。

④**対角線がそれぞれの中点で交わる**。

⑤**1組の対辺が平行で，その長さが等しい**。

⑤**1組の対辺が平行で，その長さが等しい**。

補助線

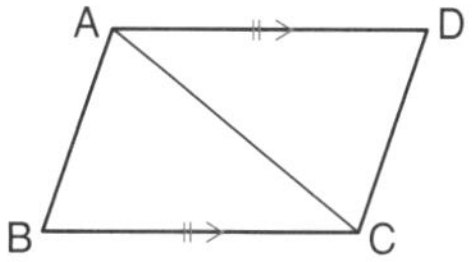

図のような
AD＝BC，AD∥BC の
図形 ABCD において，
対角線 AC をひく。

合同

△ABC と △CDA において，
仮定より，
BC＝DA …①
共通な辺だから，
AC＝CA …②
AD∥BC（仮定）より，錯角（さっかく）は等しいから，
∠ACB＝∠CAD …③

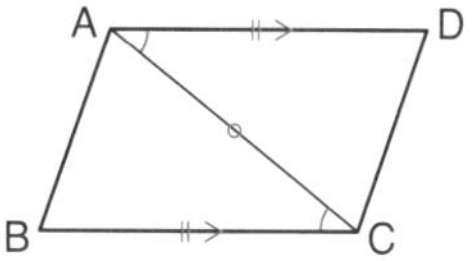

①，②，③より，
2組の辺とその間の角がそれぞれ等しいので，
△ABC≡△CDA

定義を示す

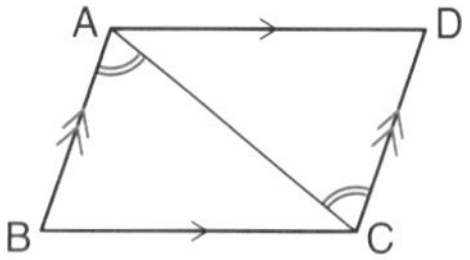

合同な図形の対応する角だから，
∠BAC＝∠DCA
したがって，錯角（さっかく）が等しいので，
AB∥DC

これと AD∥BC（仮定）より，
2組の対辺がそれぞれ平行だから，
四角形 ABCD は平行四辺形である。

この定義をいえたらゴール！

というわけだ

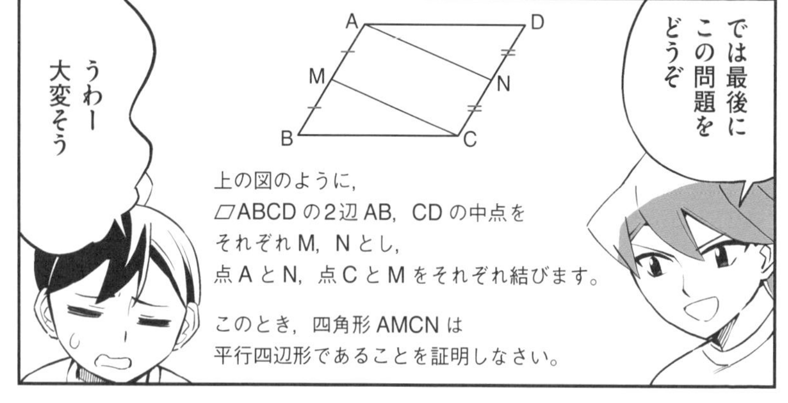

四角形 ABCD は平行四辺形なので,

AB∥DC　　…①

M, N はそれぞれ辺 AB, CD の中点だから,

$AM=\frac{1}{2}AB$　…②

$NC=\frac{1}{2}DC$　…③

平行四辺形の対辺は等しいから,

AB＝DC　　…④

②, ③, ④より,

AM＝NC　　…⑤

①, ⑤より,
1 組の対辺が平行で長さが等しいから,
四角形 AMCN は平行四辺形である。

COLUMN

VOL 2

三角形は強く、四角形は弱い？

四角形というのは横からの力で簡単に変形してしまいます。四辺の長さが決まっている長方形は、角度がズレれば平行四辺形になってしまうからです。形が変形しやすい欠点があるのですね。

　それに対して、三角形はつぶれにくい形をしています。なぜなら三つの辺の長さが決まれば、その形は他に変形のしようがないからです。この三角形の強さを利用した構造物が「トラス」です。

　トラスは、三角形を単位にして繋げていく構造（三角形と逆三角形）で、鉄道の橋桁などによく使われています。トラスには、ワーレントラス、プラットトラス、ハウトラス（主に木の橋）などのいくつかの種類があります。

都内を走るＪＲ総武線の小石川橋通り架橋（水道橋駅近くに架かる鉄道橋）は明治37年（１９０４年）に開通した橋で、トラス構造（ワーレントラス）でつくられ、１２０年たった今でも現役です（旧・甲武鉄道）。

東京スカイツリーなども、塔の構造は主材、水平材、斜材の各部を三角形にしてつなぎあわせたトラス構造になっています。

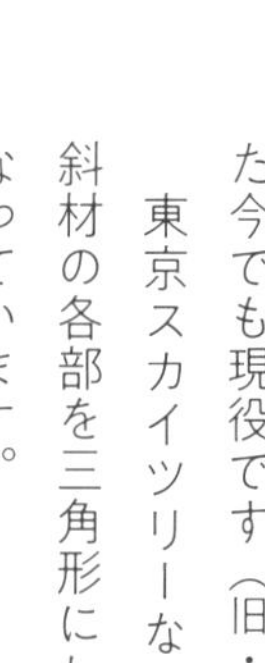

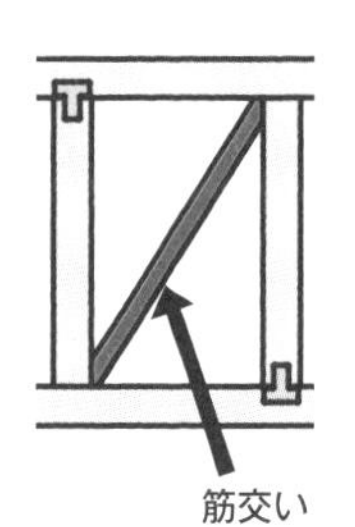

もっと身近なところにも、トラスの強さが使われています。それはダンボール紙です。ダンボールを横から見ると、１枚の紙ではなく2枚の紙（ライナー）の間に芯が入っていて、これが三角形の形を構成しています。このような形にすることで、ダンボールが中身を保護（クッション性）してくれていたのです。

三角形の強さという意味では、「筋交（すじか）い」という方法も

あります。これは家の柱と柱の間に斜めの板を1本、または2本（たすき掛け）入れて三角形をつくり、家の構造を強くするものです。ふつうは壁の中に隠れるように用いられています。筋交いを入れることで、四角形を三角形に変形（補強）できるわけで、耐震性を高める効果があります。

トラスも筋交いも、三角形の構造をつくることで剛性を増すという点は変わりません。身の周りを見渡してみると、ダンボールのように他にも三角形をつくることで強度を増している事例があるはずです。ぜひ探してみてください。

第3章

確率

3-1

確率の意味と求め方

このとき
③のカードが
出る確率は
何分の1
でしょうか!
えっ…
確率?

確率って
あれですよね?
それが起こる
可能性を
調べるみたいな…
まあ
カードは
5枚だし…
5分の1
とか?

正解だ!
天才!!
いや
それほどでも…
まあ
それほどでも
ないか!!
パチ
パチ
なんだよ!!

さっき
ハジメくんは
こう考えたはずだ
カードの出方は
同様に確からしい
と
同様に
確からしい?

今回の場合だと
「カードの出やすさは
すべて同じ」
ってことだよ
起こる場合の1つ1つについて,
そのどれが起こることも
同じ程度に期待できるとき,
どの結果が起こることも
同様に確からしいという。
他にも
「サイコロの目の
出やすさは同じ」とか
「コインの表裏の
出やすさは同じ」とか
そっか…
たしかに
「どれかが出やすい」
とは思わなかったなぁ

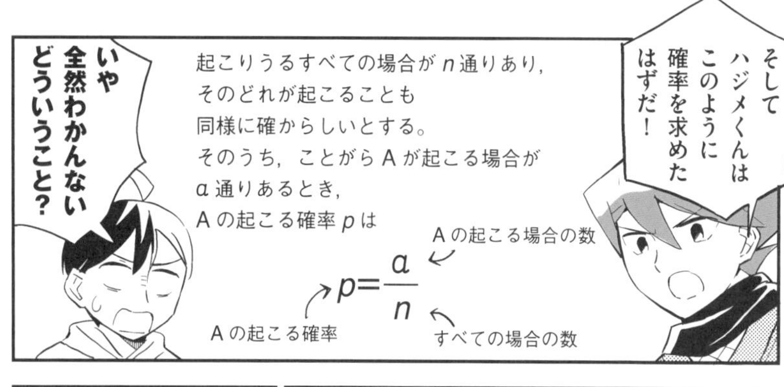

そして
ハジメくんは
このように
確率を求めた
はずだ!
起こりうるすべての場合が n 通りあり,
そのどれが起こることも
同様に確からしいとする。
そのうち,ことがら A が起こる場合が
a 通りあるとき,
A の起こる確率 p は
$p=\frac{a}{n}$
A の起こる場合の数
A の起こる確率
すべての場合の数
いや
全然わかんない
どういうこと?

今回でいうと
こういう
ことだね
なるほど
全部で
5通りある中で
条件に合うのは
1通りだから
確率は
1/5
ってことかぁ
3
「カードが3」が起こる確率=「カードが3」が起こる場合の数/すべての場合の数=1/5
1 2 3 4 5
ハジメくんはこれを
自然にやったわけだ
すばらしい!
天才!
調子に乗るなよ!
いや
そんなでも…
なんか言った!?

じゃあ
「カードが
偶数である確率」
だったら?
偶数?
ということは…
2と4の
2つですから
確率は
2/5
ですね?
「カードが偶数」が起こる場合
2 4
1 2 3 4 5
すべての場合
正解~!

じゃあ
5以下の数が
出る確率は？

え

5以下って
全部じゃ…

ということは
5通りだから
$\frac{5}{5}=1$ だね

じゃあ
カードを
ひいた瞬間
ハジメくんが
爆発する確率は？

ないよ！

つまり
0通りだから
$\frac{0}{5}=0$ だね

つまり
必ず起こることがらの
確率は1

百分率でいうと100%

けっして起こらない
ことがらの
確率は0で

けっして起こらない

必ず起こる

0 ← 起こりにくい　→ 起こりやすい 1

確率 p の
値の範囲は
$0 \leqq p \leqq 1$
になるのだ！

次はオセロをしよう！
あ 今度はちゃんとしたゲームだ…

ではオセロの石を2つ投げるとき
投げるとき!?

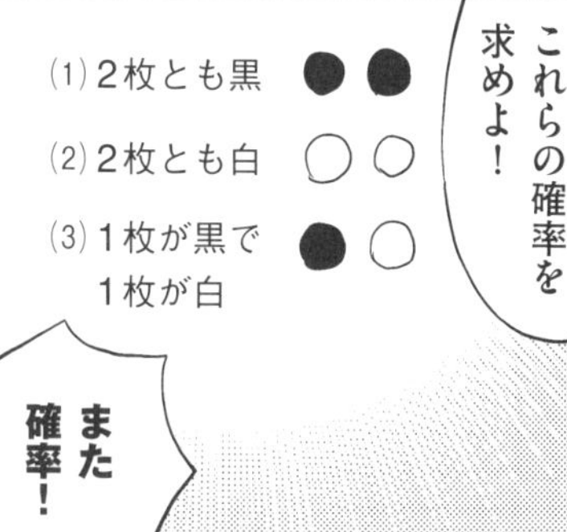
これらの確率を求めよ！
(1) 2枚とも黒
(2) 2枚とも白
(3) 1枚が黒で1枚が白
また確率！

え～どれも1/3じゃないの？
確率を考えるときは図や表をかくのが大事
図や表？

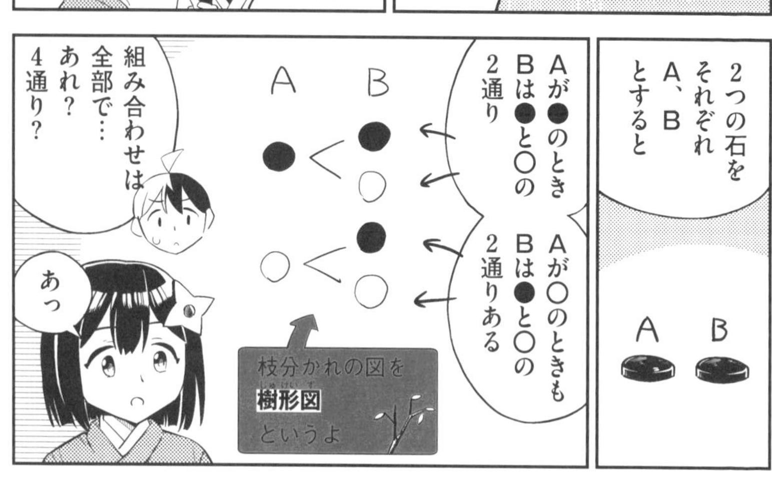
2つの石をそれぞれA、Bとすると
A
B
Aが●のときBは●と○の2通り
Aが○のときもBは●と○の2通りある
A
B
枝分かれの図を樹形図というよ
組み合わせは全部で…あれ？4通り？
あっ

●●と○○の組み合わせは1つずつなのに●○の組み合わせは2通りありますね…!
ホントだ!
A
B
ということはそれぞれの確率は…こうか!
(1) 2枚とも黒の確率
$\frac{1}{4}$
(2) 2枚とも白の確率
$\frac{1}{4}$
(3) 1枚が黒で1枚が白の確率
$\frac{2}{4}=\frac{1}{2}$
そういうこと!
じゃあオセロはこのくらいにして…と
ねえゲームはやらないの?
ガサ…
ねえ
次はすごろくをしよう!
すごろく~?
ゴール
このすごろく一度にサイコロを2つ投げるんだけど
…うん
出る目の合計が5になる確率はなんでしょう?
やっぱ確率だよね!

出る目の組み合わせ

A＼B	1	2	3	4	5	6
1	(1, 1)	(1, 2)	(1, 3)	(1, 4)	(1, 5)	(1, 6)
2	(2, 1)	(2, 2)	(2, 3)	(2, 4)	(2, 5)	(2, 6)
3	(3, 1)	(3, 2)	(3, 3)	(3, 4)	(3, 5)	(3, 6)
4	(4, 1)	(4, 2)	(4, 3)	(4, 4)	(4, 5)	(4, 6)
5	(5, 1)	(5, 2)	(5, 3)	(5, 4)	(5, 5)	(5, 6)
6	(6, 1)	(6, 2)	(6, 3)	(6, 4)	(6, 5)	(6, 6)

出る目の合計

A＼B	1	2	3	4	5	6
1	2	3	4	5	6	7
2	3	4	5	6	7	8
3	4	5	6	7	8	9
4	5	6	7	8	9	10
5	6	7	8	9	10	11
6	7	8	9	10	11	12

4通りなので

確率は $\frac{4}{36}=\frac{1}{9}$ ですね

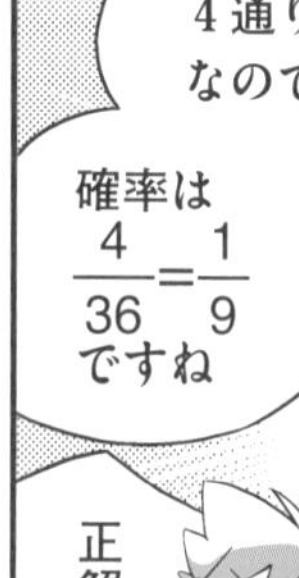

A＼B	1	2	3	4	5	6
1	2	3	4	5	6	7
2	3	4	5	6	7	8
3	4	5	6	7	8	9
4	5	6	7	8	9	10
5	6	7	8	9	10	11
6	7	8	9	10	11	12

じゃあ すごろくはこのくらいにして…

やらないの!?

あ やりたかった?

やりたくはないよ!

もー わからない子だなぁ 反抗期かな?

くっ…

じゃあ 気分転換に公園でボール遊びといこう!

いいけどさ…

ポン

いっくぞ~

は~い

バアーン!
箱の中に赤いボールが2個白いボールが3個入っています!
ええ……

この中から同時に2個のボールを取り出すとき次の確率を求めなさい!
(1) 2個とも白いボールになる確率
(2) 1個が赤いボールで1個が白いボールになる確率

結局確率だよ…
これは…どう考えればいいのでしょう
同じものがいくつもあるときは

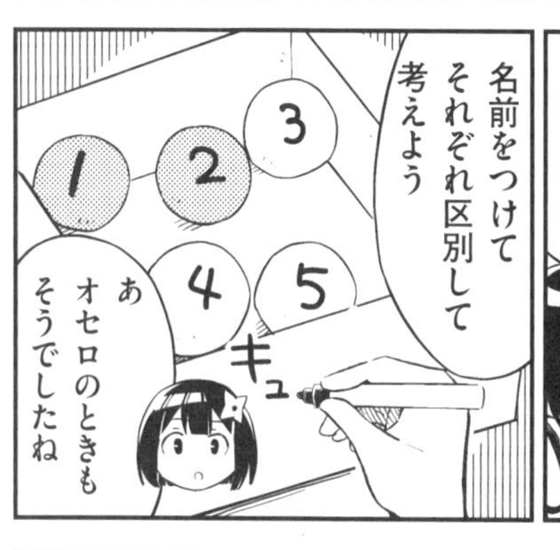
名前をつけてそれぞれ区別して考えよう
1
2
3
4
5
キュ
あ オセロのときもそうでしたね

じゃあ樹形図を…
1
2
3
4
5
2
1
3
4
5
あ

この2つは同じ組み合わせだから
1 — 2
2 — 1
重複して書かないように気をつけよう
あ そっか…
てことは…

こうか!
②
③
④
⑤
④ — ⑤
①
②
③
④
⑤
③
④
⑤
全部で
10通り
ですね!
ここまでくれば
もうカンタンだね

(1)の2個とも
白になるのは
③ — ④
③ — ⑤
④ — ⑤
の3通り
なので
確率は
$\frac{3}{10}$ ですね

(2)の赤と白が
1つずつになるのは…
① — ③
① — ④
① — ⑤
② — ③
② — ④
② — ⑤
…の6通り
だから
確率は
$\frac{6}{10}=\frac{3}{5}$ だ!
大正解〜!

というわけで
大会も終わり!
さあ家に
帰ろう!
結局ゲーム
1つもやらなかった
けどね…

ゲームと見せかけて
確率を教える大会
面白かったな〜
そんな大会
だったんだ!
ゲーム
と見せかけて確率を教える
大会

COLUMN VOL 3

確率は賭け事の計算から始まった

数学というと、「高尚な学問」と考えている人も多いでしょうが、必ずしもそうではありません。たとえば、確率はまさに賭け事の相談から始まった学問だからです。

1652年のある日、パスカル（1623年～1662年）は友人ド・メレから相談を受けました。それは次のような内容だったと言います。

A氏とB氏との間で『先に3勝したほうが勝ち』というルールで賭けをしていて、勝ったほうが賭け金を総取りできる。いま、A氏が2勝、B氏が1勝しているとき、何かの事情が起きて、急に賭け事をやめざるを得なくなったとする。その場合、賭け金の分配はどうしたらよいか？

いかにも他人事のようなド・メレの言い方ですが、どう考えてもド・メレ自身が賭け事をしているところへ警察のガサ入れがあって途中で逃げた……という相談でしょう。

こういうとき、とくに条件がなければ、大前提として「A氏、B氏の実力は同じ」と

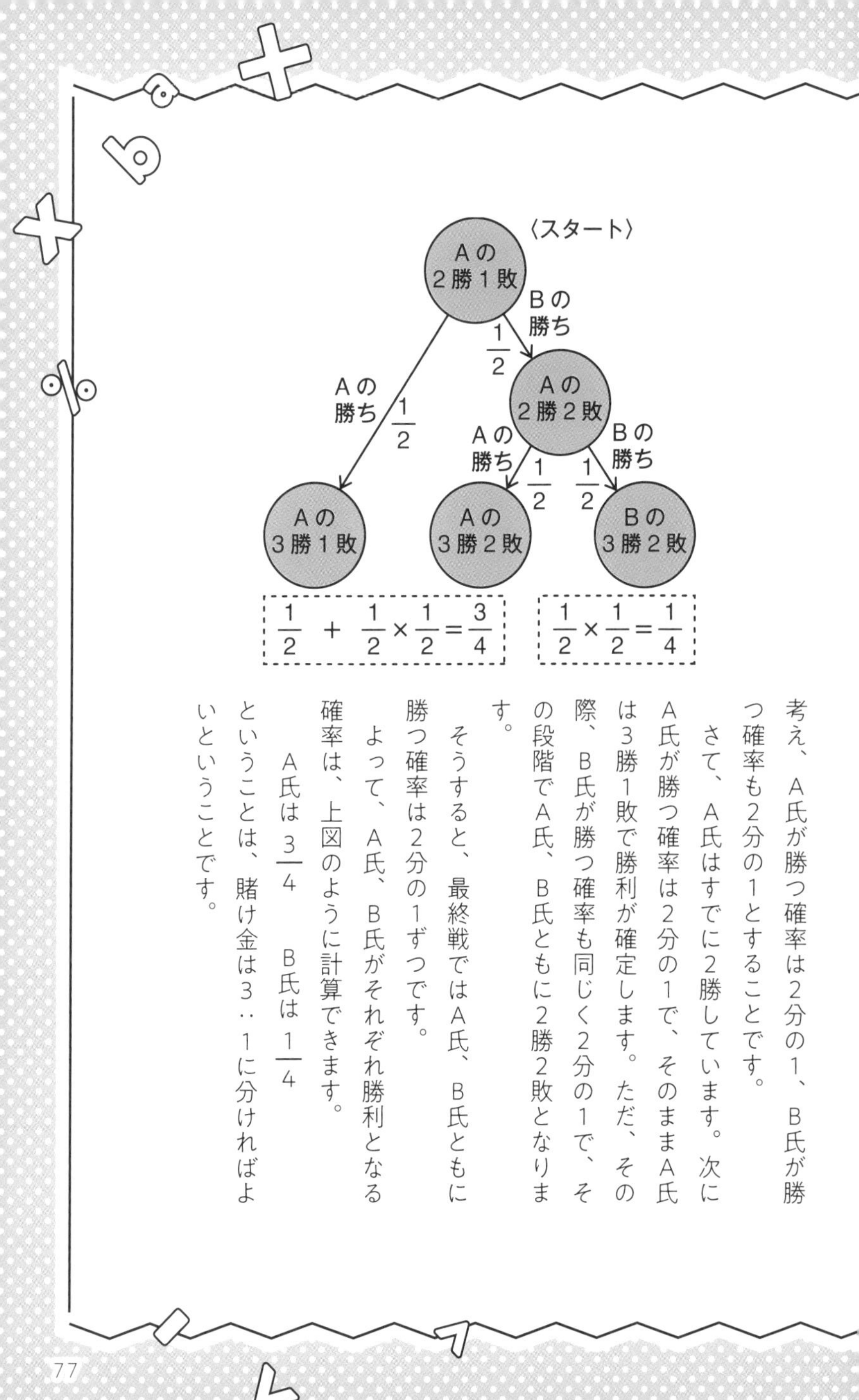

考え、A氏が勝つ確率は2分の1、B氏が勝つ確率も2分の1とすることです。

さて、A氏はすでに2勝しています。次にA氏が勝つ確率は2分の1で、そのままA氏は3勝1敗で勝利が確定します。ただ、その際、B氏が勝つ確率も同じく2分の1で、その段階でA氏、B氏ともに2勝2敗となります。

そうすると、最終戦ではA氏、B氏ともに勝つ確率は2分の1ずつです。

よって、A氏、B氏がそれぞれ勝利となる確率は、上図のように計算できます。

A氏は $\frac{3}{4}$　B氏は $\frac{1}{4}$

ということは、賭け金は3：1に分ければよいということです。

COLUMN VOL 3

ところで、世の中には賭け事がたくさんあります。パチンコ、競馬、競輪、競艇、そして宝くじ。「宝くじ」と言われると、賭け事のイメージが少ないかもしれません。しかし、宝くじは「最もソンをする賭け事」です。

宝くじの場合、期待値（戻ってくる金額の平均値）で見ると45％程度しか戻ってきません。つまり、賞金に回される金額は半分以下なのです。競馬で65％、パチンコで80％程度と言いますから、宝くじがいかにソンかがわかります。また、宝くじには経験値や勉強、必勝法がありません。競馬であれば過去のデータをもとに予測することで、どの馬が勝ちそうか、統計学的な知識が役立ちます。しかし、宝くじは偶然に左右されますから、過去のデータは役立ちません。

賭け事について、16世紀の数学者で医者でもあったカルダーノの言葉を紹介しましょう。カルダーノは腸チフスなどの発見でも知られる偉大な医者でしたが、毎日、賭け事づけで財産をなくしてしまいます。彼は次のような名言（迷言）を残しています。

「賭博師にとって最大の利益？　それはまったく賭け事をしないことだ」

これで中2内容がおしまい
よく頑張りました
どうせそろそろ投げだすだろうけど
いや
そんなでも…
なんか言った!?

2年生の分も
お憑…
お疲れ様～
お疲れ様
でした～
パチ
パチ
…なんか
不穏なこと
言いかけました?

2人とも
もう
3年生だね
…よし!

修学旅行に
行こう!
えっ

行先は
我々の故郷
忍びの里だ!
忍びの里!?
いい
ですね!

いつごろ
行きますか？
最後の方が
いいんじゃない？
そうだな
じゃあ…
166ページ頃に
行くとしよう！
ページ
って何？

いいね
気候も
よさそうだし
166ページ頃って
気候がいいん
ですか？
じゃ それは
準備して
おくとして…

学年が変わるし
また何かを
変えないとな！
具体的には
髪色を
変えないと！
変えなきゃ
いけないこと
ないでしょ
別に
うおーっ！
変われーっ！

大丈夫ですか？

ああ全然！

精神が乗っ取られかけてる以外は

大丈夫じゃないよ！

じゃあボクの理性が残ってるうちに

3年生も頑張るぞ～～～

～ニンゲン…滅ボス…

ああーっ理性が！

スッ…

手のかかるやつだ…

気絶させたらなおりました

第4章

多項式の計算

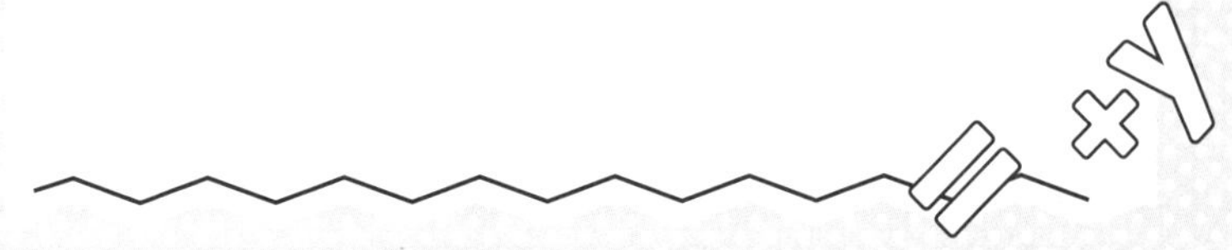

4-1
単項式と多項式の乗除、乗法公式

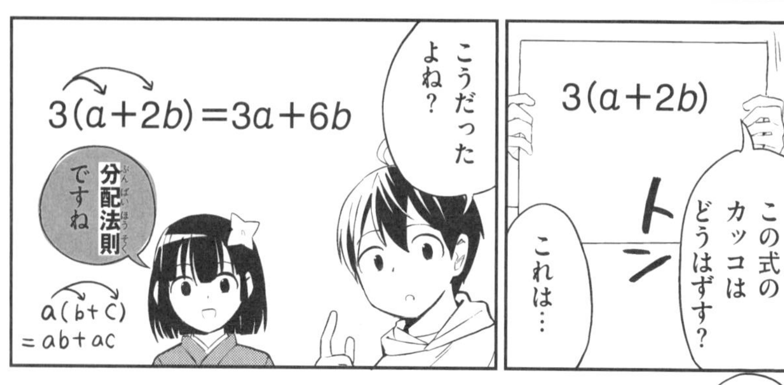

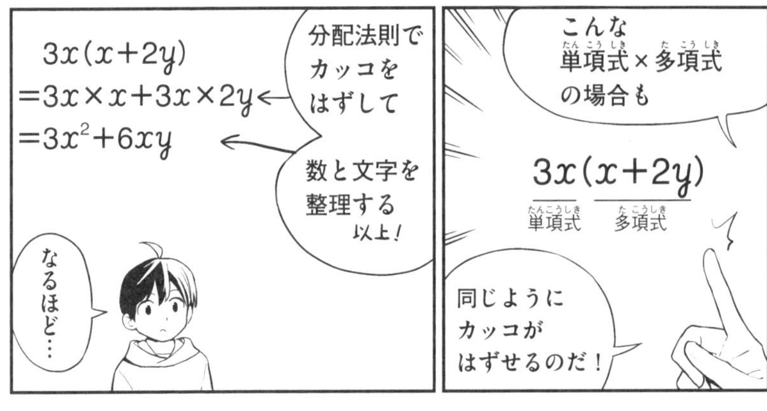

こんな
単項式×多項式
の場合も
$3x(x+2y)$
単項式
多項式
同じように
カッコが
はずせるのだ！
分配法則で
カッコを
はずして
数と文字を
整理する
以上！
$3x(x+2y)$
$=3x\times x+3x\times 2y$
$=3x^2+6xy$
なるほど…

また
多項式÷単項式
の場合も同じ
さあ
やってみよう！
$(6a^2+9a)\div 3a$
多項式
単項式
えっと…
いけー！
割れー！
かち割って
やれー！
静かにして
くれないかなあ!?

わり算を
逆数のかけ算に
なおして
分配法則で
カッコをはずして
数と文字を整理
こうかな？
$(6a^2+9a)\div 3a$
$=(6a^2+9a)\times\frac{1}{3a}$
$=6a^2\times\frac{1}{3a}+9a\times\frac{1}{3a}$
$=2a+3$
スン…
バッチリ
グッ
さて 次は
多項式×多項式
多項式×多項式？

分配法則でカッコをはずして

$$(a+b)M$$
$$=aM+bM$$
$$=a(c+d)+b(c+d)$$
$$=ac+ad+bc+bd$$

Mを(c+d)にもどして

さらに分配法則ですね！

そう！

そして今の計算を一度にやると

こうなる！

これが**展開**のやり方だ！

$$(a+b)(c+d)=\underset{①}{ac}+\underset{②}{ad}+\underset{③}{bc}+\underset{④}{bd}$$

展開

展開？

多項式×多項式のカッコをはずして**単項式の和だけの式にすること**を「展開する」というよ

では実際にこの式を展開してみてくれ！
$(x+2)(x+4)$
えっと…
これでいいのかな？
$(x+2)(x+4)=x^2+4x+2x+8$
①②③④
忘れてた…
$x^2+4x+2x+8$
$=x^2+6x+8$
そう
あとは同類項をまとめるのを忘れずにね
ここで注目してほしいんだけど
数字がちょうどこういう関係になってるよね
$\bigcirc+\square$
$(x+②)(x+④)=x^2+6x+8$
$\bigcirc\times\square$
ホントだ
つまり$(x+a)(x+b)$の形の式はこれで展開できてしまうのだ！
$(x+a)(x+b)=x^2+(a+b)x+ab$
こんなふうに多項式×多項式の中には
展開がカンタンにできる特別な形が4つある！
特別な形…？
それが…
ス…

ボ
乗法公式だ！
ン
$(x+a)^2$
$(x-a)^2$
$(x+a)(x+b)$
$(x+a)(x-a)$
な、なに～!?
我々は乗法公式四天王…
$(x+a)(x+b)$
我々を展開し公式を明らかにしてみよ！
ええ～
あキミの展開はもう終わってるから大丈夫
ひどい！
ポン
$x^2+(a+b)x+ab$
$(x+a)(x+b)$ が展開されたようね…
彼は私たちの中でも最も基本…
$(x-a)^2$
$(x+a)^2$
私たちが展開されるのも時間の問題だな…
$(x+a)(x-a)$
そうなんだ…
それじゃーあたしたちの番ね
展開できるでしょうか…？
$(x-a)^2$
$(x+a)^2$
うーん…？

$(x+a)^2=x^2+(a+a)x+a\times a$
$=x^2+2ax+a^2$
(x+a)²は
(x+a)(x+a)
だから…
(x+a)²は
こうで…
さっきの
公式を使って
展開すると
いいよ
(x+a)(x+b)
= x²+(a+b)x+ab
(x−a)²は
こうなりますね
$(x-a)^2=x^2+\{(-a)+(-a)\}x+(-a)\times(-a)$
$=x^2-2ax+a^2$
あ
そっか
そのとーり！
ポン
$(x+a)^2=x^2+2ax+a^2$
$(x-a)^2=x^2-2ax+a^2$
x²+2ax+a²
ポン
私たちは
符号がちょっと
違うだけ
なんです
x²−2ax+a²
最後は
私が…
(x+a)(x−a)
あ
これはとても
シンプルに
なりますね
$(x+a)(x-a)$
$=x^2+\{a+(-a)\}x-a^2$
$=x^2-a^2$
消える！
み
見事…
ポン
x²−a²
はやい
$(x+a)(x-a)=x^2-a^2$
カンタン
だろう？
x²−a²
私は
四天王の中でも
最弱と
自負しているよ
よくぞ
我らを
展開した！
我ら4人
あわせて…

$(x+a)(x+b)=x^2+(a+b)x+ab$
$x^2+(a+b)x+ab$
$(x+a)^2=x^2+2ax+a^2$
$(x-a)^2=x^2-2ax+a^2$
$x^2+2ax+a^2$
$x^2-2ax+a^2$
$(x+a)(x-a)=x^2-a^2$
x^2-a^2
乗法公式なのだ！
さあお前たちがオレらを使いこなせるかどうか…
問題を出してやるぜ！
望むところです！
$(2x+y)^2$ を展開せよ。
まずは私から！
$x^2+2ax+a^2$
これは…乗法公式の形じゃないね
ふつうに展開すればいいのでしょうか…
これは $2x$ を1つのかたまりとしてみれば乗法公式が使えるよ
$(2x+y)^2$
そういうこともできるんですね
$(x+a)^2$ $=x^2+2ax+a^2$ を利用
$(2x+y)^2$
$=(2x)^2+2\times2x\times y+y^2$
$=4x^2+4xy+y^2$
こうでしょうか！
やるわねー正解よ！
$x^2+2ax+a^2$

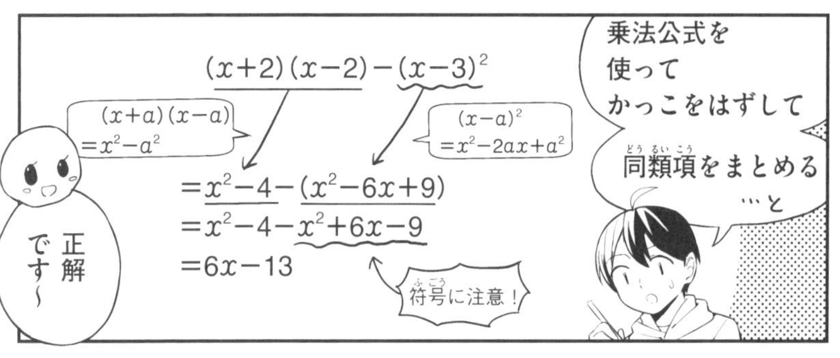

さあ次は オレの番…

すまん もうコマ ないな!

マジかよ!

$x^2+(a+b)$

仕方ない 今回は ここまでだ…

だが!

我々には まだ

$x^2+(a+b)x+a$

〝逆〟が あるのだ…!

逆…!?

つづく!

4-2

因数分解

〝逆〟…ってどういうこと？

フフ…

前回は「展開」をやったが実はその逆があるのだ！

展開

$a(b+c)=ab+ac$

?

その名も…

因数分解だ！

あーっオレのやつ！

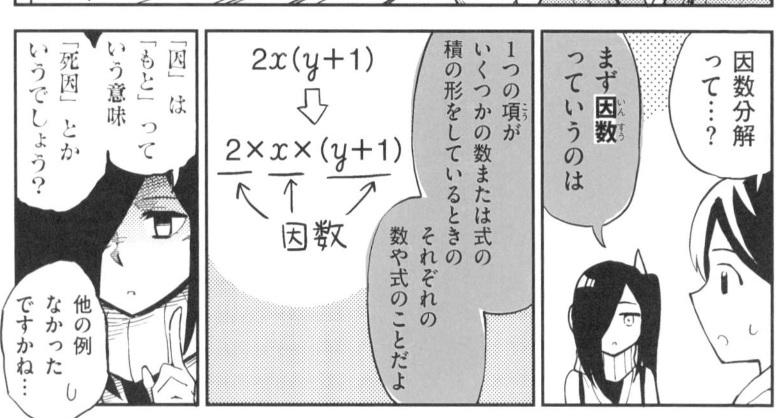

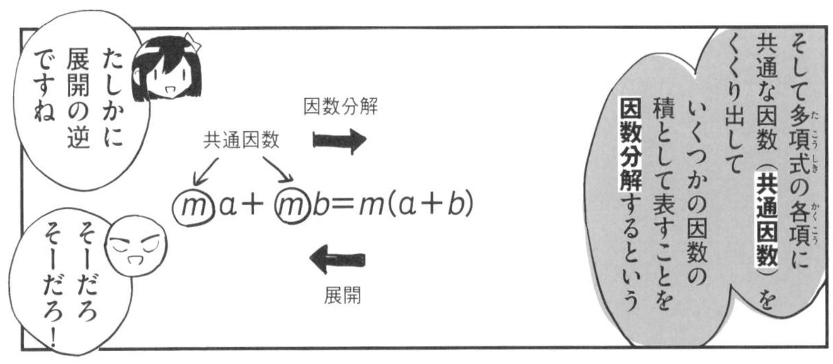

では②は…
bが共通してるね

$6ab-9bc$
$=b(6a-9c)$

うーんもう一息！

6=3×2
9=3×3
なので
3も共通因数なのだ！

$b(\overset{3\times2}{6}a-\overset{3\times3}{9}c)$
$=3b(2a-3c)$

あーなるほど…

ほら！もっとよく見て！

見てるけど…

ボクのこともっとよく見て！

それは見てない！

では
これは
どうかな？
x^2-25
えっ…
私を逆に
使うんだ！
x^2-a^2
これは…
共通因数
ある…？
私だ…
逆に…？
あっ
$(x+a)(x-a)=x^2-a^2$
を逆にすると
$x^2-a^2=(x+a)(x-a)$
ですから
かけ算だけの式が
作れますね
$x^2-25=(x+5)(x-5)$
a^2 a a
ホント
だ…
そう！
$x^2+(a+b)x+ab$
乗法公式を
逆に使えば
因数分解の
公式に
早変わり！
$x^2+(a+b)x+$
因数分解の公式
$x^2+(a+b)x+ab=(x+a)(x+b)$
$x^2+2ax+a^2=(x+a)^2$
$x^2-2ax+a^2=(x-a)^2$
$x^2-a^2=(x+a)(x-a)$
我々は
因数分解の公式
四天王でも
あるのだー！
因数分解の
公式…

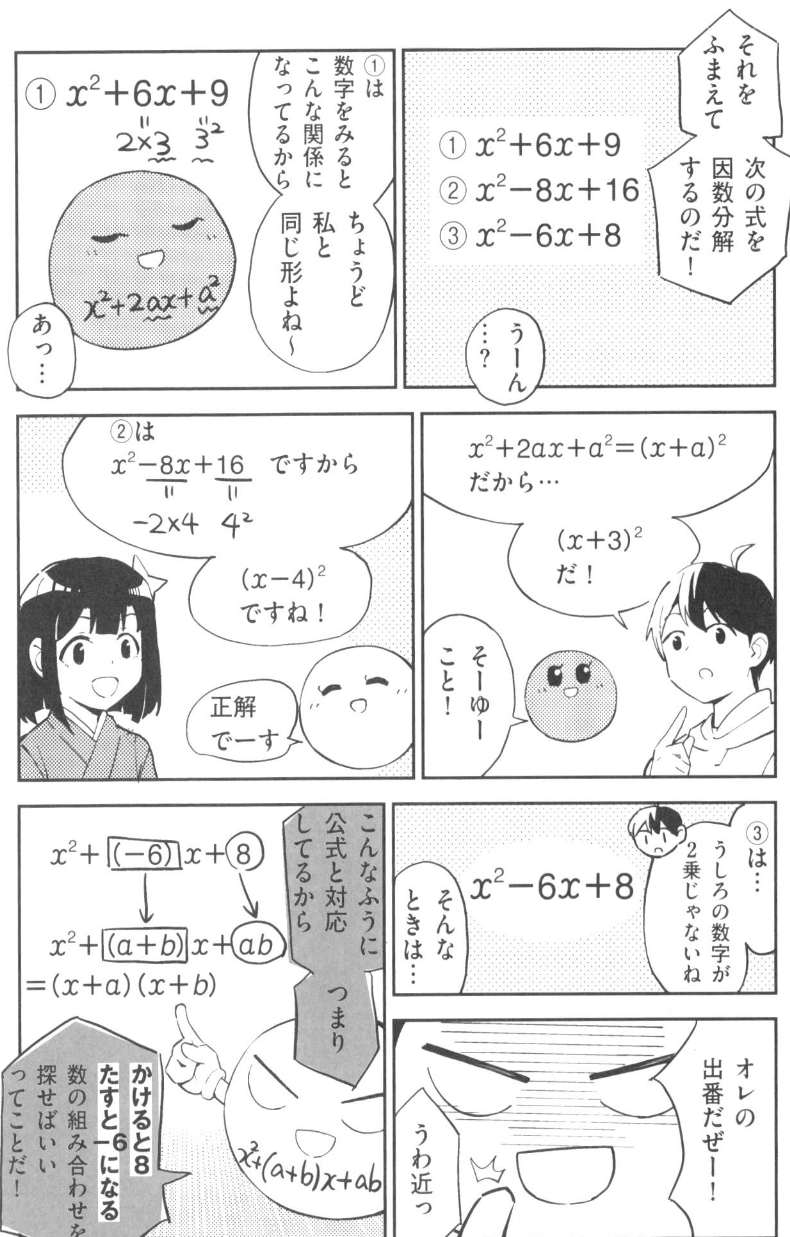
それをふまえて
次の式を因数分解するのだ！
① x^2+6x+9
② $x^2-8x+16$
③ x^2-6x+8
うーん…？
①は数字をみるとこんな関係になってるから
ちょうど私と同じ形よね～
① x^2+6x+9
2×3 3^2
$x^2+2ax+a^2$
あっ…
$x^2+2ax+a^2=(x+a)^2$
だから…
$(x+3)^2$
だ！
そーゆーこと！
②は
$x^2-8x+16$ ですから
-2×4 4^2
$(x-4)^2$
ですね！
正解でーす
③は…
うしろの数字が2乗じゃないね
x^2-6x+8
そんなときは…
オレの出番だぜー！
うわ近っ
こんなふうに公式と対応してるから
$x^2+(-6)x+8$
$x^2+(a+b)x+ab$
$=(x+a)(x+b)$
つまり
かけると8たすと−6になる数の組み合わせを探せばいいってことだ！
$x^2+(a+b)x+ab$

かけて8になる組み合わせは…この4通りですね
この中でたして−6になるのは…
2と4
-2と-4
1と8
-1と-8
−2と−4だ！
(−2)+(−4) (−2)×(−4)
x^2-6x+8
$=(x-2)(x-4)$
そのとーり！
よーし！
これでひとまず因数分解については終わり！
おっ終わり？
ここからは前回やった乗法公式もふくめて問題を解いてもらう！
ふふっそんなにぬか喜んでくれるなんて…
キミのぬか喜んだ顔が見れてボクも嬉しいよ
「ぬか」さえなければいいセリフなのに…
次の式を、くふうして計算しなさい。
103^2
ドーンッ
あまだあるんだ…
それで…「くふうして」？
どういうことだろ…

……これは
ただの
独り言
だけど
えっ

103² って…
(100＋3)² とも
表すことが
できるよね……
……あっ
その形は…

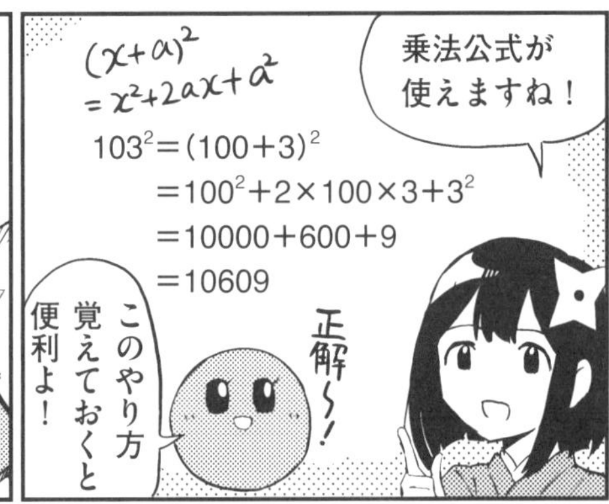
乗法公式が
使えますね！
(x+a)²
=x²+2ax+a²
103²＝(100＋3)²
＝100²＋2×100×3＋3²
＝10000＋600＋9
＝10609
正解〜！
このやり方
覚えておくと
便利よ！

ままま
なんだ今の
カッコイイ
言い方はー！
フフ…一度
言ってみたかった
のよね

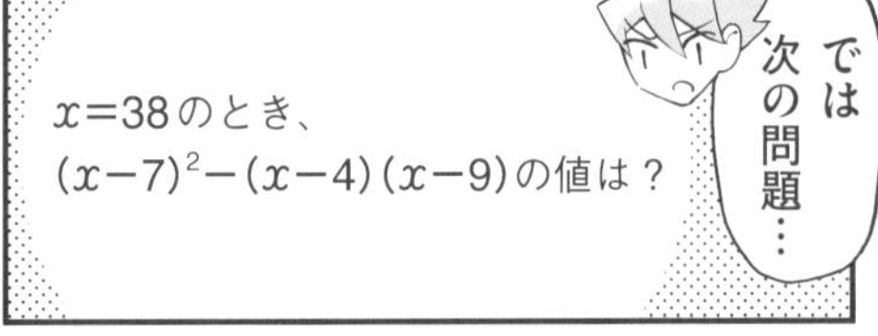
では
次の問題…
x＝38のとき、
(x−7)²−(x−4)(x−9)の値は？

あーやっべ…
まあいっか…
本当の独り言は
勝手にやって
もらえるかな？

……これは
ただの
独り言だが
すごい
さっそく
パクった…

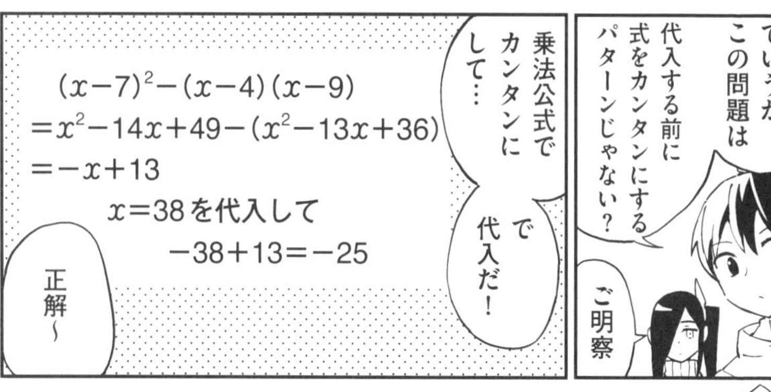

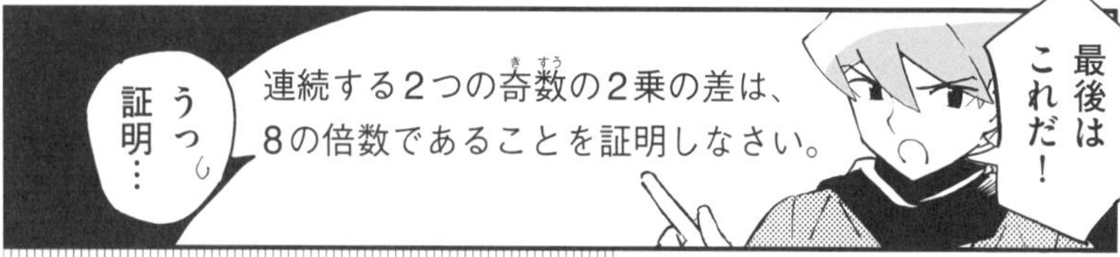

最後は
これだ！

連続する2つの奇数の2乗の差は、
8の倍数であることを証明しなさい。

うっ
証明…

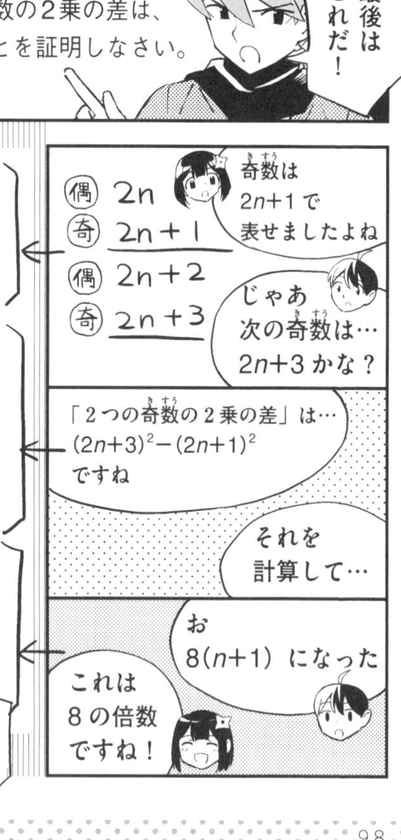

[証明]
n を整数とすると，
連続する2つの奇数は，
$2n+1$，$2n+3$

2つの奇数の2乗の差は，

$$
\begin{aligned}
&(2n+3)^2-(2n+1)^2\\
&=4n^2+12n+9-(4n^2+4n+1)\\
&=4n^2+12n+9-4n^2-4n-1\\
&=8n+8\\
&=8(n+1)
\end{aligned}
$$

$n+1$ は整数なので，
$8(n+1)$ は8の倍数である。
したがって，
連続する2つの奇数の2乗の差は，
8の倍数となる。

正解！

フフッ… なかなかやるじゃないか……
なんでキズだらけなの…
ちなみに途中の計算は私を使うこともできたぞ
今回は使われなかったがな…
$x^2-a^2=(x+a)(x-a)$
$(2n+3)^2-(2n+1)^2$
$=\{(2n+3)+(2n+1)\}$
$\times\{(2n+3)-(2n+1)\}$
$=(4n+4)\times 2$
$=8(n+1)$
x^2-a^2
そうなんだ… なんかゴメン…
……さて これでオレたちが教えられることは全部だな
そっか…
教えていただきありがとうございました〜
つーか… あれだよな
これだけオレらのこと知っちまったんだ
オレたちもう〝心友〟だよな……
〝心友〟!?
じゃあさじゃあさ「せーの」で好きな祝日言い合おうぜ!
なにそれ!?
妙な友達ができたハジメだった

COLUMN VOL―4

速算術の裏に「黄金の因数分解」

いきなりですが、「97×103」を5秒で答えてください。

では次に、「88×92」は3秒で。

電卓、またはスマホの電卓機能を使ってチャチャッと入力すれば答えが出てきますね。でも、電卓より速く「1問目は9991です。2問目は8096です」と即答できたら、注目を集めること間違いないでしょう。

実はこれ、種も仕掛けもあるので手品みたいなもの。因数分解を利用しただけなのです。それは、

$$(a+b)(a-b)=a^2-b^2$$

です。実際にやってみましょう。

最初の97×103は（100－3）×（100＋3）と分解できるので、

$$100^2-3^2=10000-9=9991$$

ですね。もう一つは、

$88\times92=(90-2)\times(90+2)=90^2-2^2=8100-4=8096$

種明かしをすると、「な~んだ」というのも手品と同じです。速算術の多くは因数分解を利用しています。右の方法は覚えておいてソンはないでしょう。

もう一つ、知っておくと人生に役立つ計算方法があります。それは因数分解を元にしたものではありませんが、「72を利率で割ると、元金が2倍になるまでの年数がわかる」という、72の法則といわれるものです。

たとえば1990年頃の銀行の定期預金は6％を少し超える金利（複利）でした。そうすると、72÷6＝12（年）です。12年で、ノーリスクで元金が2倍になったのです。それが今では、1年定期預金で0・002％ぐらいですから、72÷0.002＝36000（年）です。3万6000年というのは、縄文時代（今から1万3000年前）より前の石器時代に貯蓄を始めた先祖がいた場合、21世紀の今頃になってようやく2倍になったお金を子孫が受け取れる、ということなのです。

こういう計算を日頃から速算でやっていると、預貯金以外にも興味をもつようになるのではないでしょうか。

1

次の式を公式を使って展開しましょう。

乗法公式

$(x+a)(x+b)=x^2+(a+b)x+ab$

$(x+a)^2=x^2+2ax+a^2$

$(x-a)^2=x^2-2ax+a^2$

$(x+a)(x-a)=x^2-a^2$

(1)　$(x+2)(x-5)$

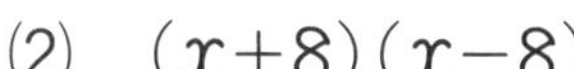

(2)　$(x+8)(x-8)$

2

次の式を公式を使って因数分解しましょう。

因数分解の公式

$x^2+(a+b)x+ab=(x+a)(x+b)$

$x^2+2ax+a^2=(x+a)^2$

$x^2-2ax+a^2=(x-a)^2$

$x^2-a^2=(x+a)(x-a)$

(1)　$x^2+12x+36$

(2)　$x^2+7x+12$

答えは次のページへ

1 (1) $(x+\underset{a}{\underline{2}})(x\underset{b}{\underline{-5}})$

乗法公式

$=x^2+\underset{a+b}{\underline{(2-5)}}x+\underset{a\times b}{\underline{2\times(-5)}}$

$=\underline{\underline{x^2-3x-10}}$ 答

(2) $(x+\underset{a}{\underline{8}})(x-\underset{a}{\underline{8}})$

乗法公式

$=x^2-\underset{a^2}{\underline{8^2}}$

$=\underline{\underline{x^2-64}}$ 答

2 (1) $x^2+\underline{12}x+\underline{36}$

$=x^2+\underset{2a}{\underline{2\times6}}x+\underset{a^2}{\underline{6\times6}}$

2をかけると12
2乗すると36になる数は6

$=\underline{\underline{(x+6)^2}}$ 答

(2) $x^2+\underline{7}x+\underline{12}$

$=x^2+\underset{a+b}{\underline{(3+4)}}x+\underset{a\times b}{\underline{3\times4}}$

たすと7
かけると12になる
2数は3，4

$=\underline{\underline{(x+3)(x+4)}}$ 答

第5章

平方根

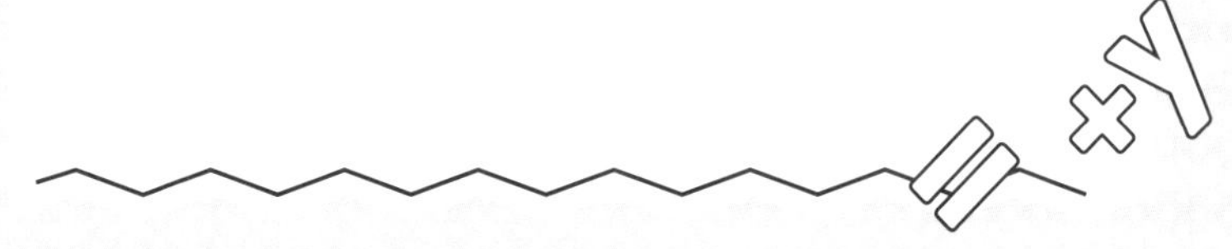

平方根

収穫〜〜〜!

何それ?

ヘイホー根だよ

数学の平方根を表す記号に似てることから名付けられた忍びの里の名産野菜さ!

ひとの家の庭で…

数学の平方根…?

そう 2乗するとaになる数を

aの**平方根**というのだ!

「平方」は「2乗」という意味

では9の平方根は?

2乗して9になるってことだよね…

$\boxed{?}^2 = 9$

3?

あと−3もですね

その通り!

…

あっ そっか

平方根は正の数と負の数の2つありその絶対値は等しいのだ！
2乗（平方）
平方根
3
−3
9
まとめて
±３と
書いてもよい
ただ例外として0の平方根は0だけ
$0^2=0$
そして負の数の平方根はないよ
$\square^2=-9$
2乗したら必ず正の数になりますものね
では3の平方根はなんでしょう？
え…
2乗して3になる数…？
$?^2=3$
フフ…そんなときに使うのが…
これだー!!
テーン
どういうこと…？
正の数aの平方根は根号（√）という記号を使ってこう表す！
「ルートa」と読む
正の方 $\sqrt{a}$
負の方 $-\sqrt{a}$
なるほどこの形か…

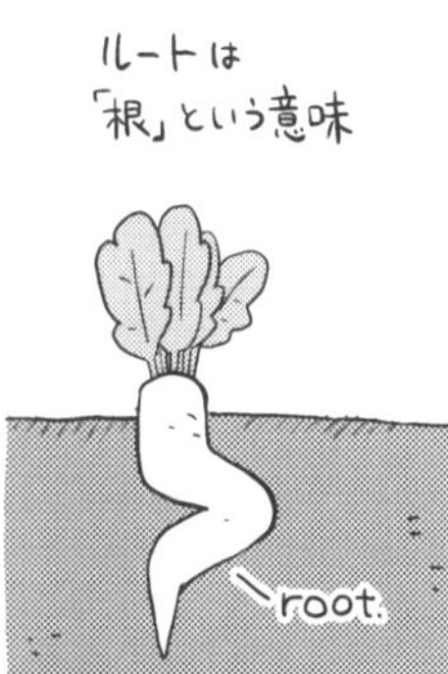
ルートは
「根」という意味
root.

というわけで
あらためて
3の平方根は？
$\sqrt{3}$ と $-\sqrt{3}$
…ってこと？
そう
$(\sqrt{3})^2=3$
$(-\sqrt{3})^2=3$
ってこと

そして
$\sqrt{\ }$ の中が
ある数の2乗に
なっているときは
このように
$\sqrt{\ }$ を
はずせる
$\sqrt{25}=\sqrt{5^2}=5$
そうなんだ

「$\sqrt{4}$ 人 $\sqrt{9}$ 脚しようぜ」
っていうより
「2人3脚しようぜ」
っていうほうが
伝わりやすいでしょ
わかるような
わからないような…

では これを
根号を使わずに
表すと？
$-\sqrt{\frac{16}{9}}$
え〜…

$\frac{16}{9}=\frac{4^2}{3^2}=\left(\frac{4}{3}\right)^2$
ですから…
$-\sqrt{\frac{16}{9}}=-\frac{4}{3}$
かな？
その通り！
パチ
パチ

じゃあ
この2つの数
どっちが大きい
でしょう？
えっ
√5の方が
大きそう
だけど…
√3
√5

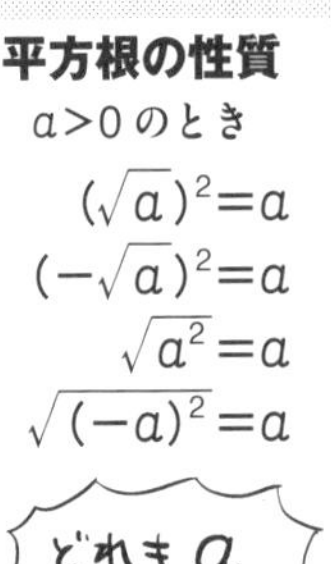
平方根の性質
a>0のとき
(√a)²=a
(−√a)²=a
√a²=a
√(−a)²=a
どれもa

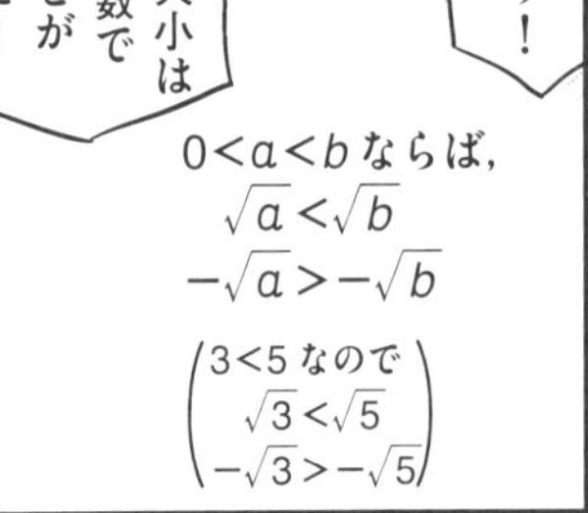
その通り！
平方根の大小は
√の中の数で
比べることが
できるのだ！
0<a<bならば，
√a<√b
−√a>−√b
3<5なので
√3<√5
−√3>−√5

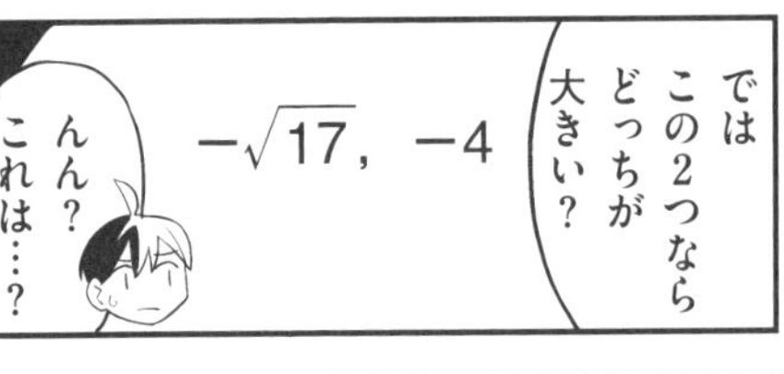
では
この2つなら
どっちが
大きい？
−√17，−4
んん？
これは…？

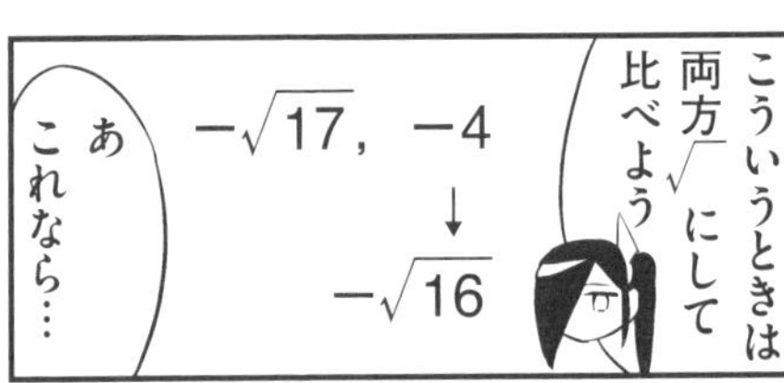
こういうときは
両方√にして
比べよう
−√17，−4
↓
−√16
あ
これなら…

負の数だから…
−4の方が
大きいよね
(−√16)
−√17<−4
正解〜
でも…
√3とかって
実際
どのくらいの値
なんでしょうね？
√3は…
まあ
ボクの方が
もっと大きい
けどね！
何と
張り合って
るんだよ

1.73205080756887
7293527446341505
872366942805253…
なんかプスプスいってる!
プスプス

…と$\sqrt{3}$は不規則な数字が無限に続き
これは分数で表すことができない
はい…
プシュ～

このように分数の形で表せない数を無理数(むりすう)
表せる数を有理数(ゆうりすう)というよ
π(パイ)も無理数

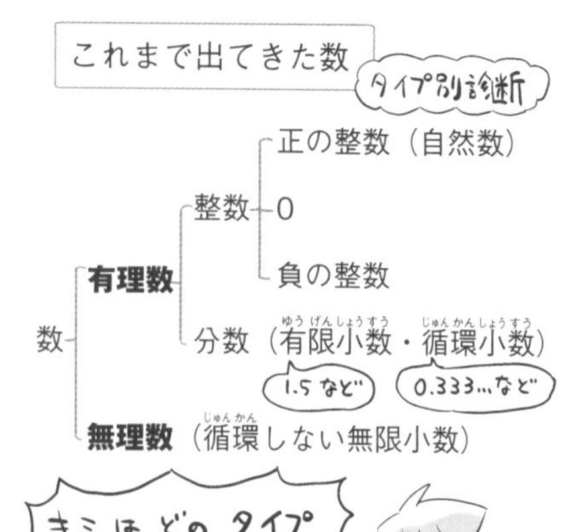
これまで出てきた数
タイプ別診断
数
有理数
整数
正の整数（自然数）
0
負の整数
分数（有限小数・循環小数）
1.5など
0.333…など
無理数（循環しない無限小数）
キミはどのタイプだったかな!?
(気絶中)

では最後の問題
この中で無理数はどれでしょう?
4, −5, 0.143
$\sqrt{2}$ $\sqrt{9}$

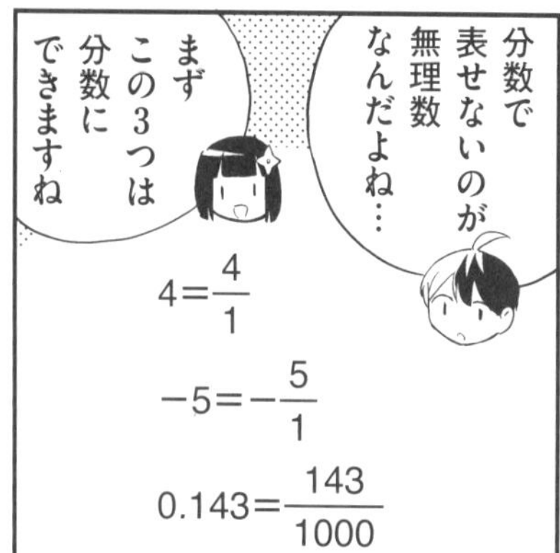
分数で表せないのが無理数なんだよね…
まずこの3つは分数にできますね
$4=\frac{4}{1}$
$-5=-\frac{5}{1}$
$0.143=\frac{143}{1000}$

ということは$\sqrt{2}$と$\sqrt{9}$かな？
あ　でも$\sqrt{9}=3$ですから$\sqrt{9}$は有理数ですね
あ　そっか　じゃあ…
だけ$\sqrt{2}$だけだ！
大正解～
パチ
パチ
じゃあ　ごほうびに　ヘイホー根を　使った　郷土料理を　ごちそうするよ
あ　いいですね
え～　どんなのだろ
できました　よ～
ビーフ　ステーキの　ヘイホー根　添えです！
コト…
お口に　合いますか…？
う　うん…
添え物　なんだ…
味は　ほぼ大根です

5-2

根号をふくむ式の乗除

2つの鳥籠は
1つになり…
ハーモニーを
響かせ…

$$\sqrt{7}\times\sqrt{5}$$
$$=\sqrt{7\times5}$$
$$=\sqrt{35}$$

$\sqrt{\ }$をまとめて
計算していい
ってことね

助かります…

$\sqrt{\ }$どうしの
かけ算・わり算は
$\sqrt{\ }$をまとめて
計算してOK

$a>0$，$b>0$のとき，

$$\sqrt{a}\times\sqrt{b}=\sqrt{ab}$$

$$\sqrt{a}\div\sqrt{b}=\frac{\sqrt{a}}{\sqrt{b}}=\sqrt{\frac{a}{b}}$$

わり算も
なんですね

というわけで
この
わり算は
どうなる？

$$\sqrt{72}\div\sqrt{2}$$

これは…

こう
でしょうか

$$\frac{\sqrt{72}}{\sqrt{2}}=\sqrt{\frac{72}{2}}$$
$$=\sqrt{36}$$

その通り…
と言いたいところ
だけれど

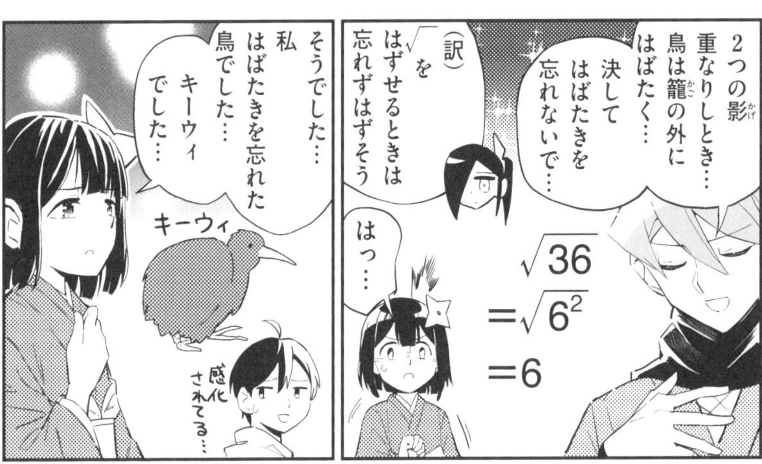

またこんな
$\sqrt{\ }$の中の数が2乗で表せない場合でも
$\sqrt{50}$
因数に同じ数があればそれも外に出せるよ
$\sqrt{50}$
$=\sqrt{5^2\times2}$
$=\sqrt{5^2}\times\sqrt{2}$
$=5\sqrt{2}$
5
2
そうなんですね
じゃあ逆に
この式を$\sqrt{\square}$の形にできる？
$3\sqrt{2}$
⬇
$\sqrt{?}$
えっと…さっきの逆だから…
こうかな？
$3\sqrt{2}=\sqrt{3^2}\times\sqrt{2}$
$=\sqrt{3^2\times2}$
$=\sqrt{18}$
3
3
2
大正解～
まとめるとこういうことさ…
$\sqrt{\ }$の中に入れる
$a\sqrt{b}=\sqrt{a^2b}$
$\sqrt{\ }$の外に出す
心なしか髪質（かみしつ）も変わってるな…
因数のみつけ方
（素因数分解（そいんすうぶんかい））
①元の数をなるべく小さい数でわり
$2\,)\,50$
25
②わったあとの数を下に書く
$2\,)\,50$
$5\,)\,25$
5
③これをわれなくなるまでくり返すと…
④ここの数が因数になる！
$50=2\times5\times5$

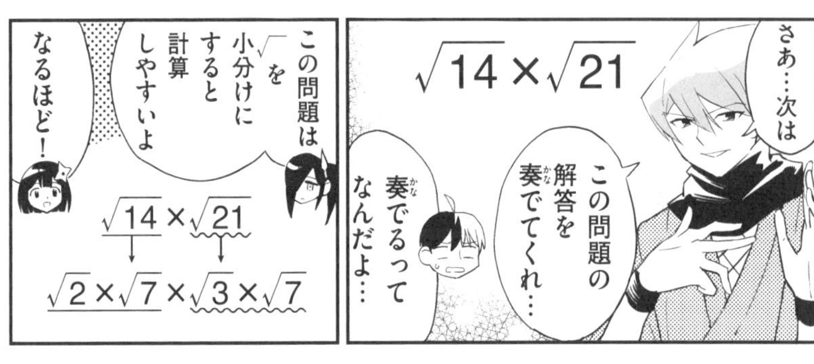

それはそうと$\sqrt{200}$の近似値がどのくらいかわかるかな…？

思いつかないなら言わなくていいよ！

2乗して200になる数…？

??

…と直接考えようとすると難しいけど

こう変形すると？

$$\sqrt{200}=\sqrt{2\times10^2}$$
$$=10\sqrt{2}$$

これなら$\sqrt{2}$がわかれば…

そう…ここで$\sqrt{2}=$

1.41421356237309
5048801688724209
6980785696718753…
プスプス
あっ
ビターン
まあこれで元にもどるでしょう
……
話をもどして
√2＝1.414…
なので
√200＝10√2＝14.14…
というわけ
√の中を小さくするとそんなこともできちゃう！ということですね

それじゃ最後に
分母の√を殺す方法を教えるよ
3/√2
カッ
その字を当てないでください…

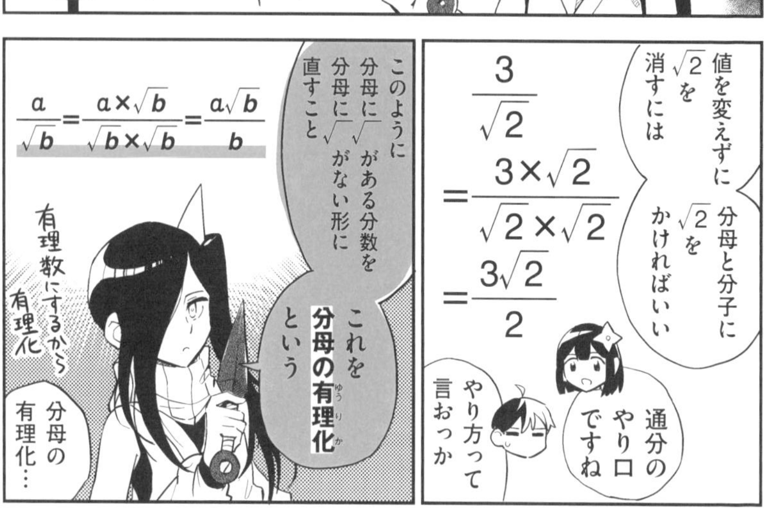
値を変えずに√2を消すには
分母と分子に√2をかければいい
3/√2 ＝(3×√2)/(√2×√2) ＝3√2/2
通分のやり口ですね
やり方って言おっか
このように分母に√がある分数を分母に√がない形に直すこと
これを**分母の有理化**という
a/√b＝(a×√b)/(√b×√b)＝a√b/b
有理数にするから有理化
分母の有理化…

$\frac{6}{\sqrt{18}}$
では
次の数を
有理化してみよう
カッ
これは…

分母と分子に
√18をかけて…
それでも
いいんだけど
先に√の中を
カンタンに
してみると？

えっと…
こう
ですね！
あ
これなら…
$\frac{6}{\sqrt{18}}=\frac{6}{\sqrt{3^2\times2}}$
$=\frac{6}{3\sqrt{2}}$

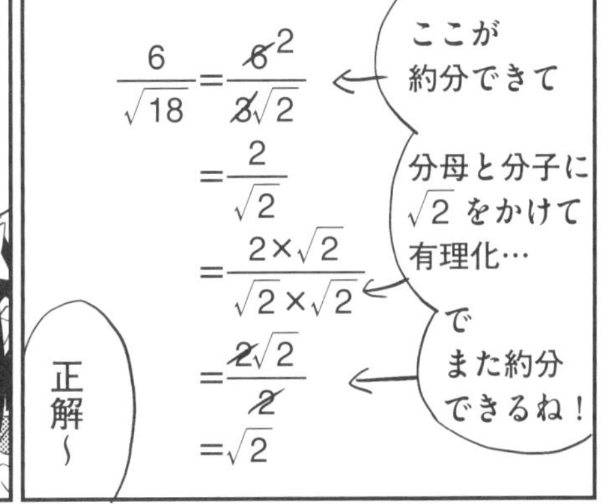

ここが
約分できて
分母と分子に
√2 をかけて
有理化…
で
また約分
できるね！
$\frac{6}{\sqrt{18}}=\frac{6^2}{3\sqrt{2}}$
$=\frac{2}{\sqrt{2}}$
$=\frac{2\times\sqrt{2}}{\sqrt{2}\times\sqrt{2}}$
$=\frac{2\sqrt{2}}{2}$
$=\sqrt{2}$
正解～

√の中を
カンタンに
すると
いいことづくめ
ですね～
宝くじも
当たるんじゃ
ないでしょうか！
それは
どうかなあ…

う
う～ん…
ムクリ
あ
起きた
元に
もどったかな？
ぽえぽえ～っ！
ぽえぽえ星からやってきた
ぽえ田ぽえだぽえ☆
別の
変なキャラに
なっちゃった！
このあと
もう2回バグって
元にもどりました

やってみよう VOL — 4

次の計算をしましょう。

(1) $\sqrt{3}\times\sqrt{5}$

(2) $\sqrt{14}\div\sqrt{2}$

(3) $(\sqrt{10})^2$

2

次の計算をして
□$\sqrt{○}$の形で答えましょう。

(1) $\sqrt{6} \times \sqrt{15}$

(2) $\sqrt{40} \div \sqrt{5}$

答えは次のページへ

1 (1) $\sqrt{3}\times\sqrt{5}=\sqrt{3\times5}=\underline{\underline{\sqrt{15}}}$ (答)

$\sqrt{\ }$ をまとめて計算

(2) $\sqrt{14}\div\sqrt{2}=\dfrac{\sqrt{14}}{\sqrt{2}}=\sqrt{\dfrac{14}{2}}=\underline{\underline{\sqrt{7}}}$ (答)

分数の形にして$\sqrt{\ }$ をまとめて計算

(3) $(\sqrt{10})^2=\underline{\underline{10}}$ (答) ← $(\sqrt{a})^2=a$

2 (1) $\sqrt{6}\times\sqrt{15}$

$=\sqrt{2\times3}\times\sqrt{3\times5}$

$=\sqrt{2}\times\sqrt{3}\times\sqrt{3}\times\sqrt{5}$ ← $\sqrt{3}\times\sqrt{3}=3$で3を$\sqrt{\ }$ の外に出す

$=\underline{\underline{3\sqrt{10}}}$ (答)

(2) $\sqrt{40}\div\sqrt{5}=\dfrac{\sqrt{40}}{\sqrt{5}}=\sqrt{\dfrac{40}{5}}=\sqrt{8}$

$=\sqrt{2\times2\times2}$ ← $\sqrt{2}\times\sqrt{2}=2$で2を$\sqrt{\ }$ の外に出す

$=\underline{\underline{2\sqrt{2}}}$ (答)

ボクなんか
問題は
もう
解いてないよ
えらそうに
言うことじゃ
ないよ

5-3

根号をふくむ式の計算

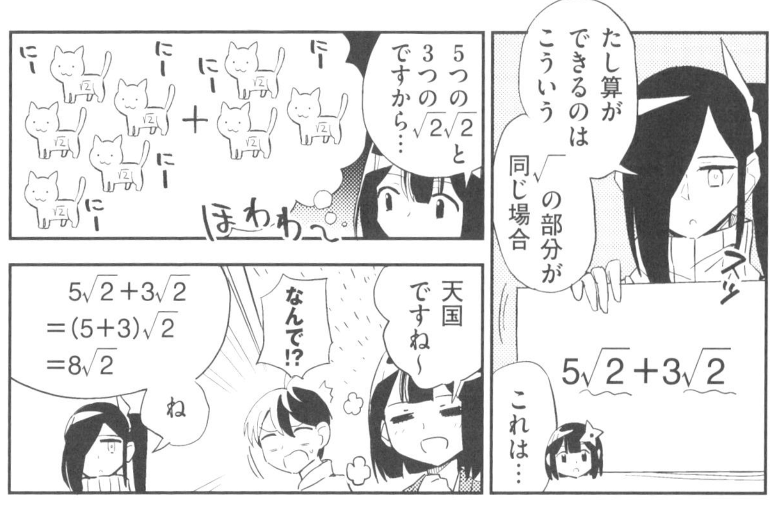

天国ですね～
なんで!?
$5\sqrt{2}+3\sqrt{2}$
$=(5+3)\sqrt{2}$
$=8\sqrt{2}$
ね

それじゃ
このたし算は？
√3＋√12

√12を変形すると
√3どうしになってまとめられるのだ！
√3＋√12
＝√3＋√2×2×3
＝√3＋2√3
＝(1＋2)√3
＝3√3
あっ…

これは…
違う√の中が
どうにもできないよね？
…と見せかけて

つまり
√12の正体は
犬2匹だったってワケ
√12の皮をかぶった犬だったってワケ
√12
√3
√3
どういうワケだよ…

続けてもういっちょ！
4√3－9/√3
ん～…？

これは…
4匹の犬から犬分の9をひくということですね
犬のたとえもうやめない？
犬分の9…？

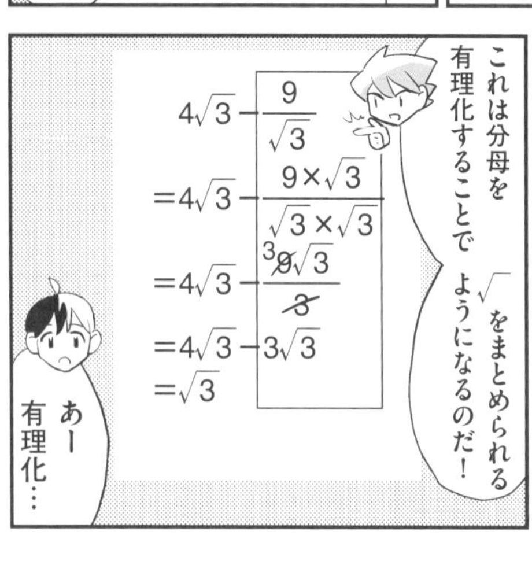
これは分母を有理化することで√をまとめられるようになるのだ！
4√3－9/√3
＝4√3－9×√3/√3×√3
＝4√3－9√3/3
＝4√3－3√3
＝√3
あー有理化…

また
文字のように
計算できると
いうことで
もちろん
分配法則も
使える
$\sqrt{2}(\sqrt{6}+5)$
$=\sqrt{2}\times\sqrt{6}+\sqrt{2}\times5$
$=\sqrt{2}\times(\sqrt{2}\times\sqrt{3})+5\sqrt{2}$
$=2\sqrt{3}+5\sqrt{2}$
さらに
こんな形
$(\sqrt{5}+1)(\sqrt{5}-3)$
見覚え
あるよね
この形は…
オレだー！
わ〜っ！
$(x+a)(x+b)$

き
来てたんだ…
乗法公式の
匂いがしたから
やってきたぜ

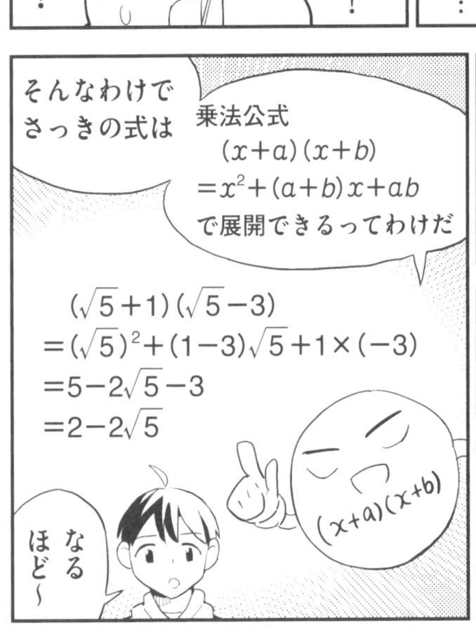
そんなわけで
さっきの式は
乗法公式
$(x+a)(x+b)$
$=x^2+(a+b)x+ab$
で展開できるってわけだ
$(\sqrt{5}+1)(\sqrt{5}-3)$
$=(\sqrt{5})^2+(1-3)\sqrt{5}+1\times(-3)$
$=5-2\sqrt{5}-3$
$=2-2\sqrt{5}$
$(x+a)(x+b)$
なる
ほど〜

たまらないぜ…
この甘〜い
シナモンのきいた
匂い…
そんな
チュロスみたいな
匂いなんだ…
乗法公式って…

次の問題
$(\sqrt{5}+\sqrt{2})^2$
これも…
$(x+a)^2=x^2+2ax+a^2$ ですから
$(\sqrt{5}+\sqrt{2})^2$
$=(\sqrt{5})^2+2\times\sqrt{5}\times\sqrt{2}+(\sqrt{2})^2$
$=5+2\sqrt{10}+2$
$=7+2\sqrt{10}$
ですね
正解！
乗法公式ですね！
$(x+a)^2$
そ！
では問題ザ・ファイナル！
$x=3+\sqrt{2}$,
$y=3-\sqrt{2}$ のとき,
x^2-y^2 の値は？
最後の問題ね
これは代入するだけ…
じゃなくて
先に x^2-y^2 を変形するのかな
この形は…因数分解？
お！よく気づいたねぇ！
いや〜失礼な話さ
ハジメくんの分際でそれに気づくとは思わなかったよ
アハハ！
失礼にもほどがあるだろ

つまり
$x^2-y^2=(x+y)(x-y)$
だから
$(x+y)(x-y)$に
$x=3+\sqrt{2}$,
$y=3-\sqrt{2}$ を
代入すると…

私の出番…だな！
x^2-a^2
$=(x+a)(x-a)$
x^2-a^2
あぁそうそう

$\{(3+\sqrt{2})+(3-\sqrt{2})\}\{(3+\sqrt{2})-(3-\sqrt{2})\}$
$=(3+\sqrt{2}+3-\sqrt{2})(3+\sqrt{2}-3+\sqrt{2})$
$=6\times2\sqrt{2}$
$=12\sqrt{2}$
こうかな！
excellent
パチパチ

なんて素晴らしい…！
こんなに立派に育って…
感激だよ…！
そんな…それほどでも…

さあみんなで食べよう！
ヘイホー根のことだった！恥ずかしい！
ニョ～ン？
わや～ん

COLUMN VOL 5

コピー用紙にもルート（無理数）が見つかった！

「無理数（ルート）なんて、日常生活で見かけることはないし、その知識が役立つなんてこともないよ」と思っていませんか。でも、身近なところにルートは潜んでいるのです。例えば、1辺が1の正方形に対角線を引くと直角三角形ができますが、その対角線の長さは三平方の定理から$\sqrt{2}$になります。早くも無理数が出てきました。

他にも、A4判やA3判といった「紙の規格」には無理数の知識がうまく利用されているのをご存知でしょうか。A3判のコピー用紙の長辺を半分に折るとA4判（A3判の半分のサイズ）になりますが、元と同じ形をしています。このA4判になったコピー用紙をさらに半分に折るとA5判になり、さらに半分に折るとA6判になり……と、何度折っても元と同じ形が次々に出てくるのです（相似形）。

実は、A判という紙の規格は、「半分に折ったら元と相似な図形になる」ように初めから長さを考えてつくられているからです。

では、短辺・長辺がどういう比率になっているのでしょうか。

折ったときに相似になるような比率を、仮に「短辺：長辺＝1：R」としておきます。いま、左図のようにＡ４判の短辺を1とすると、長辺はRになります。すると、Ａ３判の短辺はRで、長辺は2となります。

2つの図形は相似ですから、$1:R=R:2$となり、これから$R^2=2$なので、よって$R=\sqrt{2}$が求められます。

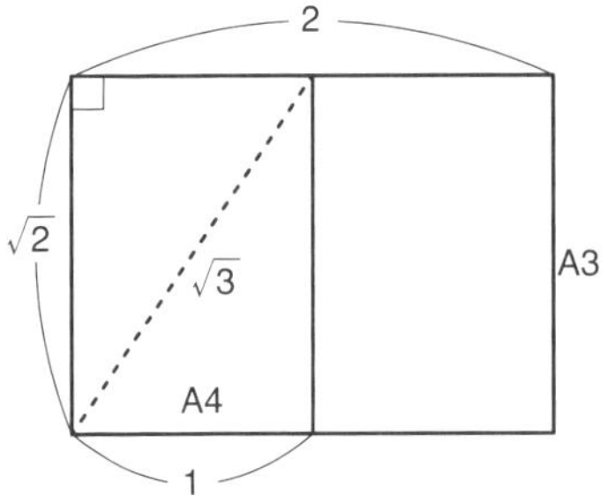

つまり、紙のＡ判という規格は「$1:\sqrt{2}$」になるように設計されていた、うまく無理数を利用していたというわけです。

なお、この$1:\sqrt{2}$の紙の対角線は三平方の定理から、$(\text{対角線})^2=1^2+\sqrt{2}^2=3$、つまり、$(\text{対角線})^2=3$なので、対角線＝$\sqrt{3}$になることがわかります。$\sqrt{2}$以外にも$\sqrt{3}$が顔を出してきました。

「無理数なんて生活に無関係」と思いがちですが、案外、身近なところにも無理数が潜んでいるのです。

疲れたら
妄想に
逃げましょう
にー
にー
にー
にー
にー
にー
ほわわ〜

第6章

2次方程式

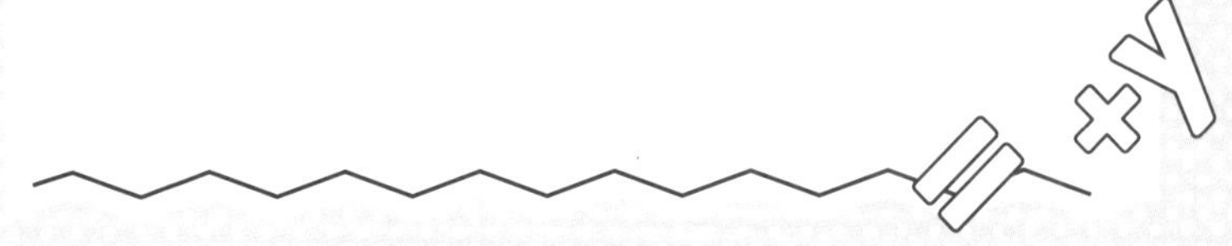

6-1

2次方程式とその解き方、解の公式

さあ！

今回からはぶっちゃけ**2次方程式**だ！

(xの2次式)=0の形に変形できる方程式をxについての**2次方程式**という！

$x^2+1=0$

$x^2+3x-2=0$

$3x^2-2x=0$

別にぶっちゃけることではないだろ…

2次方程式は一般的にこう表せる！

$$ax^2+bx+c=0$$

(a, b, cは定数, $a \neq 0$)

前が見えないぞ！なんだこれは！

自分自分！

2次方程式を成り立たせる文字の値をその方程式の**解**といって解をすべて求めることを**解く**という

$x^2-2x=0$

$x=0$, $x=2$のとき式が成り立つ

↓

解は0, 2

ん？解が2つある？

…

そう！ズバリ言おう！

2次方程式の解き方①
平方根の考え方で解く

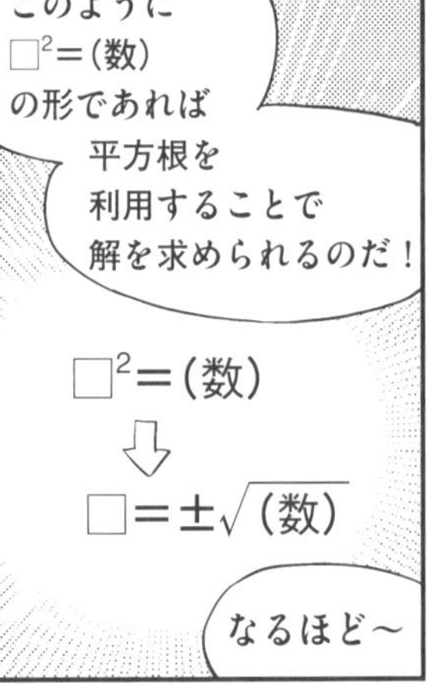

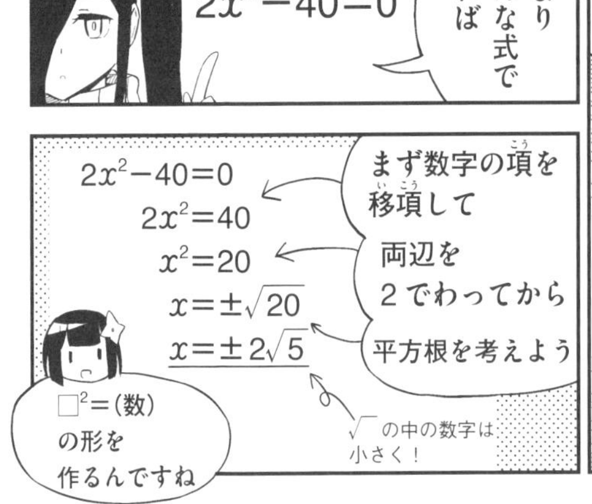

次にこんな $(x+●)^2=■$ というパターン

$(x+4)^2=25$

んん…？

$(x+4)^2=25$

↓

$X^2=25$

(x 4) X

これは $x+4$ をまとめて考えると…

これならさっきと同じ形ですね

そう！なので平方根を考えて X をもどして

$X^2=25$

$X=\pm 5$

$x+4=\pm 5$

$x+4=5$ より，

$\underline{x=1}$

$x+4=-5$ より，

$\underline{x=-9}$

±それぞれの場合で計算すればOKだ！

±のまま終わりではないんですね

では次の問題

これはちょっと難しいぞ～

お？

ドーン

これだ！

全人類が幸せになるにはどうしたらいいでしょうか？

難しすぎるだろ

数学の問題にしてもらっていいかな？

あー数学ね！じゃあこれ！

……

これは…？

$x^2+8x-2=0$

$\boxed{x^2+8x}-2=0$

ここに注目すると

もし $+4^2$ があったら因数分解で $(x+4)^2$ にできるよね

x^2+8x+4^2

$=(x+4)^2$

うん…でもないよね

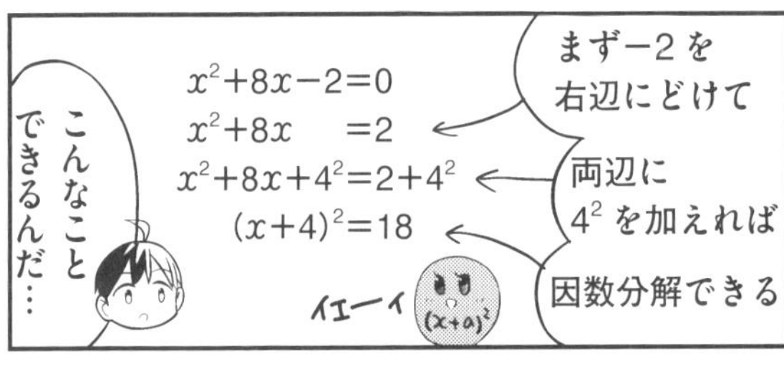

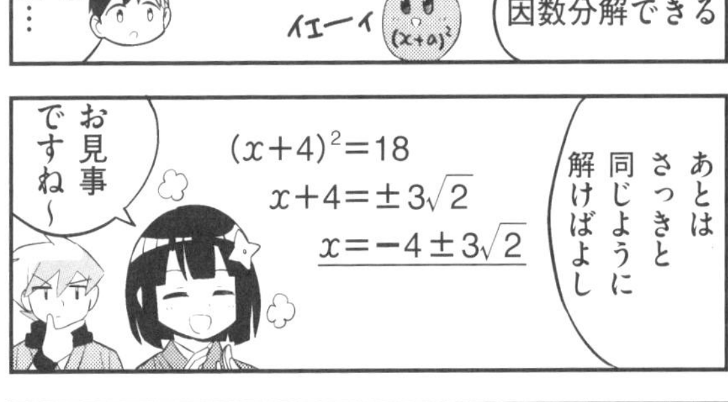

2次方程式の解き方② 解の公式

解の公式

2次方程式 $ax^2+bx+c=0$ の解は，

$$x=\frac{-b\pm\sqrt{b^2-4ac}}{2a}$$

この通り
なかなか複雑

うわ〜っ

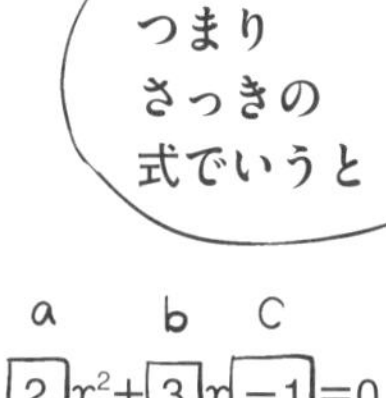

こうなると
いうわけ

$a=2$，$b=3$，$c=-1$ だから，

$$x=\frac{-3\pm\sqrt{3^2-4\times2\times(-1)}}{2\times2}=\frac{-3\pm\sqrt{9+8}}{4}=\frac{-3\pm\sqrt{17}}{4}$$

計算ミスに
注意ですね〜

このように
どんな2次方程式も
$ax^2+bx+c=0$
の形にすれば
解の公式に代入して
必ず解ける！

ないならさ

自分で
作ればいいのさ

あ
パクったな…

b^2ー…
「ビニール」にするか
「ビニールよえーし」
だな！
$x=\frac{-b\pm\sqrt{b^2-4ac}}{2a}$
ビニール よえーし
………
で「±」…
「土」に似てるし
「土ルート」にするか
土 ルート
$x=\frac{-b\pm\sqrt{b^2-4ac}}{2a}$
土の…道？
まずこれは
「マイなすび」
だよね
マイなすび
$x=\frac{-b\pm\sqrt{b^2-4ac}}{2a}$
自分用の
なすび…？
マイなすび土ルート
（ビニールよえーし）
贄
マイ
なすび
土ルート
（ビニール
よえーし）
贄
つまり
マイなすびが
土への道をたどって
（ビニールよえーし）
贄になったと
いうことだな！
……
で2aだから
「贄」と
$x=\frac{-b\pm\sqrt{b^2-4ac}}{2a}$
にえ
いけにえ
贄!?
ぜひ
キミも！
キミだけの
覚え方を
考えてみて
くれよな！
ぶん投げた
――！
……うん！
解き方③は
次回！

6-2

2次方程式と因数分解

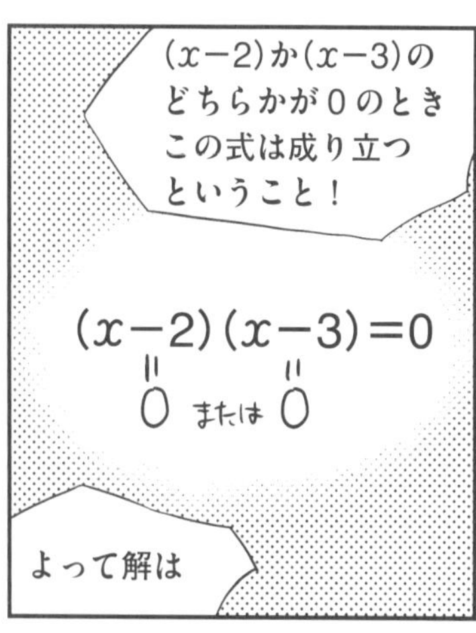

このように
2次方程式 $x^2+px+q=0$ の
左辺が因数分解できるとき
$x^2+px+q=0$
↓
$(x+a)(x+b)=0$
↓
$x+a=0$ または $x+b=0$
↓ ↓
$x=-a$ $x=-b$
$AB=0$ ならば，$A=0$ または $B=0$
を利用して解くことができるのだ！
この2つだ！
$x-2=0$ のとき，$x=2$
$x-3=0$ のとき，$x=3$
答 $x=2$，$x=3$
こんな解き方もできるんですね…！

それをふまえてこの問題をやってみよう！
$x^2-8x+16=0$
えっと…
さあ早く！やられる前にやるんだ！
やられるってどういうことだよ

えーと左辺を因数分解して…
$x^2-8x+16=0$
$(x-4)^2=0$
$x-4=0$
$x=4$
$x^2-2ax+a^2=(x-a)^2$
…あれ？解が1つ？
そうそんなときもある
まあ解も…ときには1人になりたいってことだね
いろいろあるんですね…解にも…

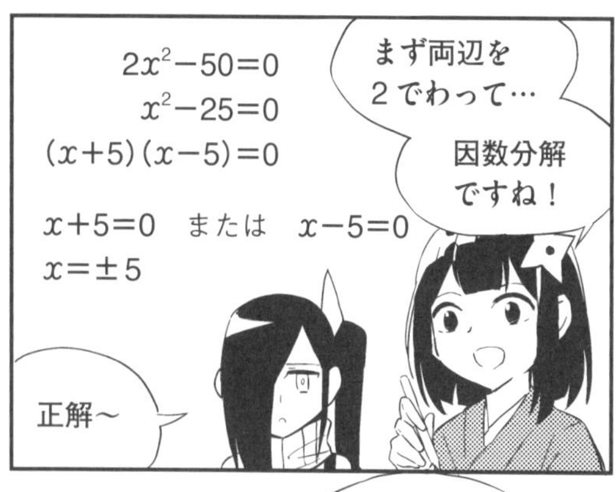

まずは落ち着いて $ax^2+bx+c=0$ の形に整理しよう！

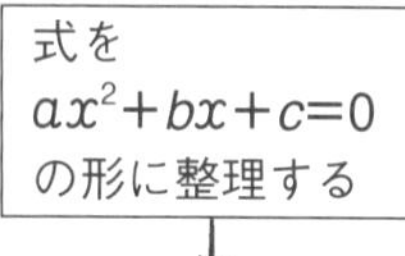

↓

左辺を因数分解…

- できる → 因数分解を利用して解く
- できない → 解の公式を利用して解く

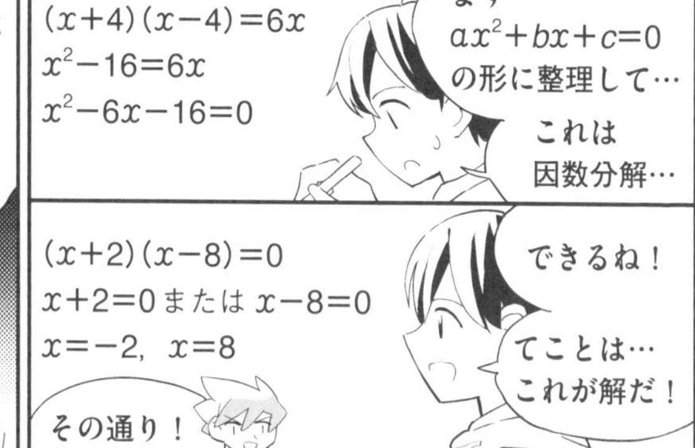

さて
この2つの
箱の中には
それぞれ
ある数の
ミドリムシが
入っている
ドンッ
?匹
?匹
ミドリムシって…
あの微生物の…?
ミドリムシ
そう
それ

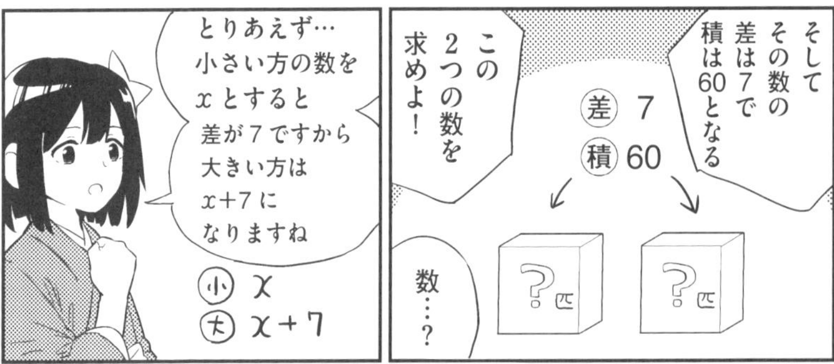
そして
その数の
差は7で
積は60となる
差 7
積 60
この
2つの数を
求めよ!
?匹
?匹
数…?
とりあえず…
小さい方の数を
xとすると
差が7ですから
大きい方は
x+7に
なりますね
小 x
大 x+7

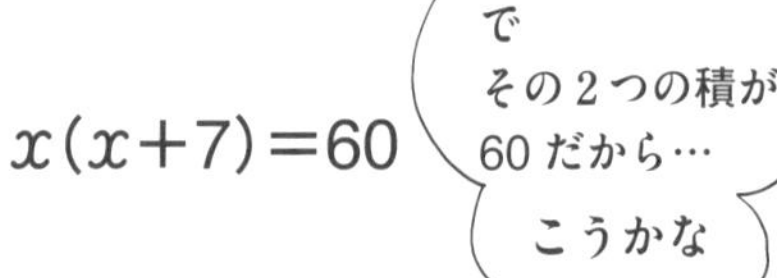
で
その2つの積が
60だから…
こうかな
x(x+7)=60

これを解くと…
$x^2+7x=60$
$x^2+7x-60=0$
$(x+12)(x-5)=0$
$x=-12,\ x=5$
解がでた…けど

ただ
−12匹っていうのは
おかしいよね…
ということは
x=5のとき
大きい方の数は
5+7=12
ですから 答えは
5匹と12匹
ですね!
フフフ…

そう！
答えは
この通り…
パカッ…
5匹と12匹だ！
バーーン
全然
見えん……

では
最後の問題！
正解したら
ミドリムシを
プレゼント！

縦が25 m，横が32 m の長方形の土地に，
右の図のように，縦，横に同じ幅の道を作り，
残りの部分を花だんにしようと思います。

花だんの面積が
$690\ m^2$ になるようにするには，
道幅を何 m にすればよいですか？

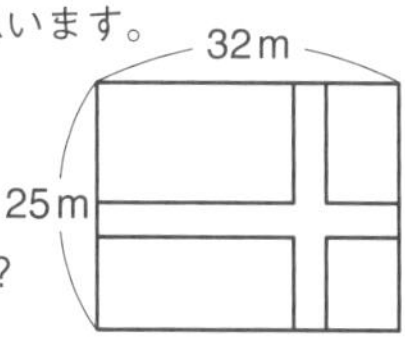

32m
25m

いらないいな〜

とりあえず
道幅を
xとして…
で…？
たとえば…

$(32-x)$ m
x m
$(25-x)$ m
$690\ m^2$
x m

道を
はしっこに
寄せてみると
どうかな？
なるほど
それなら…

32m
25 m
x m

図のように，
道の部分を端に寄せても
花だんの面積は変わらない。

こんな図に
なりますから

花だんの面積について方程式を作って…

道幅を x m とすると，
花だんの面積は，
$(25-x)(32-x)$ m^2
と表せる。
これが 690 m^2 だから，
$(25-x)(32-x)=690$

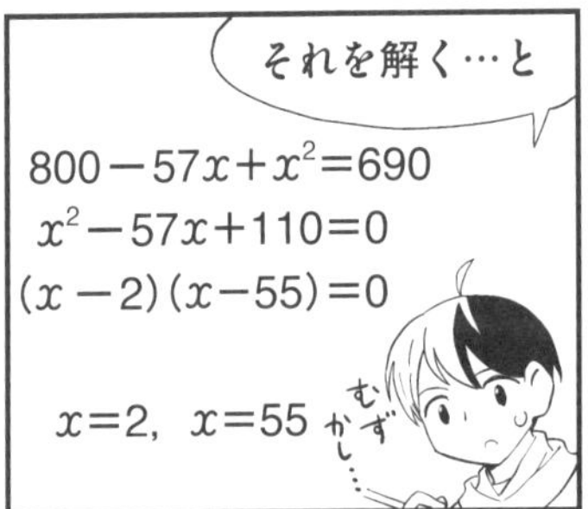

COLUMN VOL 6

16世紀の「方程式の他流試合」

16世紀のイタリア。そこでは奇妙な戦いが繰り広げられていました。「方程式の他流試合」です。当時、すでに2次方程式の解法は知られていましたが、3次方程式の解法についてはまだ知られていませんでした。

このため、「公開の場で互いに難問を出し合い、より多くを解いたほうが勝ち」という他流試合では、3次方程式の問題は勝敗を決する切り札でした。勝者は金銭を得るだけでなく、名声も高まり、大学教授になる道も開かれていました。生活を賭けた戦いだったのです。

ここにタルタリア（1500年～1557年）という人物が登場します。彼は独学で3次方程式の解法を導き、連戦連勝。そんなタルタリアに「公表しないから、3次方程式の解法を教えてほしい」と懇願した男が、コラム3でも登場したカルダーノ（1501年～1576年、78ページ参照）でした。

しかし、フェッロという男がタルタリアよりも先に3次方程式の解法にたどり着いていたことをカルダーノは知り、「タルタリアが最初の発見者でないなら約束を守る必要はない」と考え、自著『アルス・マグナ』に3次方程式の解法を公表したのです。

ひどい話に見えますが、カルダーノにも一理あるように感じます。というのは、当時、「解法」は一子相伝で、世間一般には知られないように隠していた時代でした。カルダーノが本の形で一般に流布させたから多くの人々の勉強に役立ったのです。しかも、その功績はタルタリアに帰することも、本の中で明記していた点も評価できます。

しかし、もちろん、タルタリアは激怒。そこでカルダーノに公開試合を申し込みますが、カルダーノの優秀な弟子フェラーリに敗れます。フェラーリは4次方程式の解法まで習得していたとされます。

3次方程式、4次方程式の解法が発見されたとなれば、次は5次方程式、6次方程式……となりますが、なぜか発見されることはありませんでした。

300年後、この問題に終止符を打ったのがノルウェーのアーベル(1802年~1829年)で、彼は「5次以上の方程式には代数的な解の公式は存在しない」ことを証明したのです。つまり、300年もの間、発見競争に明け暮れていたけれど、そもそもそんな公式は存在しなかった、というわけです。

1

次の空欄をうめて，2次方程式 $3x^2-5x+1=0$ を解きましょう。

2次方程式 $ax^2+bx+c=0$ の解の公式は，

$$x=\frac{-b\pm\sqrt{b^2-4ac}}{2a}$$

$a=3,\ b=\square,\ c=\square$ を代入して，

$$x=\frac{-\square\pm\sqrt{\square^2-4\times3\times\square}}{2\times3}$$

$$=\frac{\square\pm\sqrt{\square-\square}}{6}$$

$$=\frac{\square\pm\sqrt{\square}}{6}$$

2

次の空欄をうめて，2次方程式 $x^2-4x-45=0$ を解きましょう。

左辺を因数分解すると，

$(x+5)(x-\square)=0$

$AB=0$ ならば $A=0$　または　$B=0$ より，

$x+5=\square$　または　$x-\square=0$

よって，$x=\square$，$x=\square$

答えは次のページへ

1 2次方程式$3x^2-5x+1=0$の解は，解の公式に

$a=3, b=$ $\boxed{-5}$ $, c=$ $\boxed{1}$ を代入して，

$$x=\frac{-\boxed{(-5)}\pm\sqrt{\boxed{(-5)}^2-4\times3\times\boxed{1}}}{2\times3}$$ ←負の数はカッコでくくる

$$=\frac{\boxed{5}\pm\sqrt{\boxed{25}-\boxed{12}}}{6}=\frac{\boxed{5}\pm\sqrt{\boxed{13}}}{6}$$ 答

2 $x^2-4x-45=0$の左辺を因数分解すると，

$(x+5)(x-\boxed{9})=0$ ←たすと-4，かけると-45になる2数は5，-9

$AB=0$ならば $A=0$　または　$B=0$より，

$x+5=\boxed{0}$　または　$x-\boxed{9}=0$

よって，$x=\boxed{-5}$，$x=\boxed{9}$ 答

第7章

関数

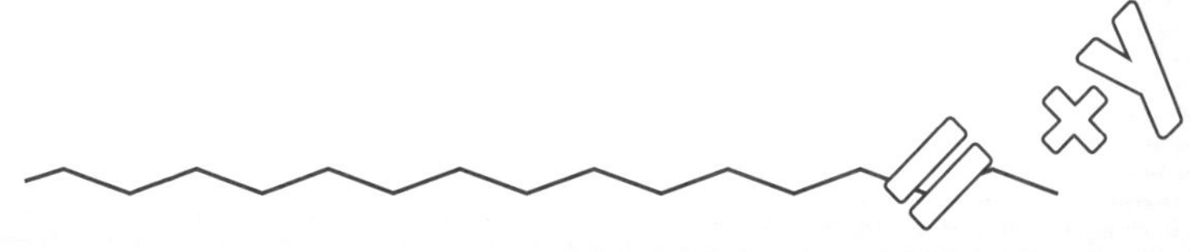

7-1

関数 $y = ax^2$

急に
どうしたの?
森に行こう
なんて…

数学を…
感じてほしくてさ
え…?

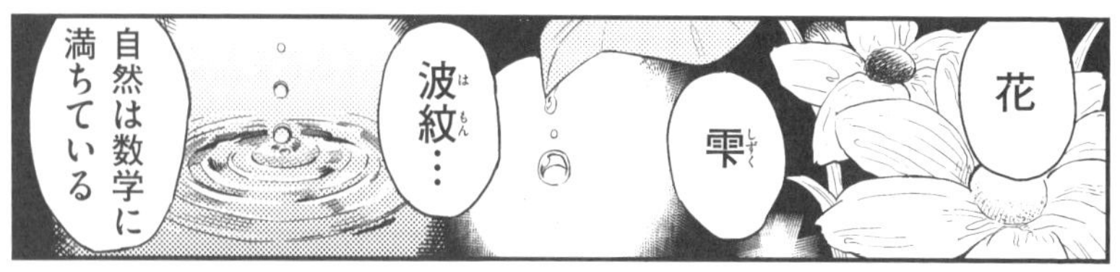
花
雫
波紋…
自然は数学に
満ちている

そう
数学は
自然のなかに
記されているんだ
記され
てる…

ほら
この葉っぱを
見てごらん

きっと数学を
感じられる
はずだよ

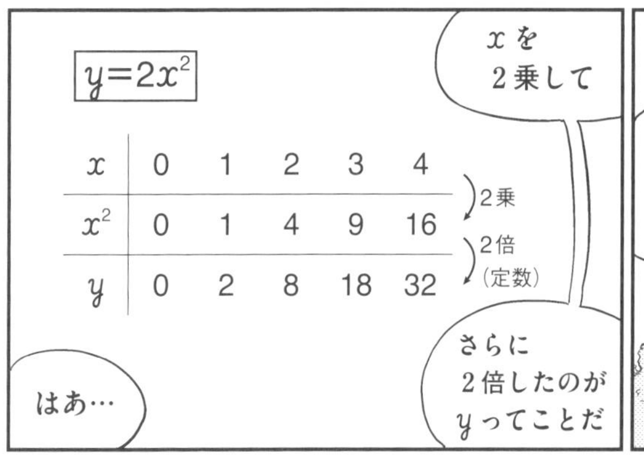

x	0	1	2	3	4
x^2	0	1	4	9	16
y	0	2	8	18	32

2乗 / 2倍(定数)

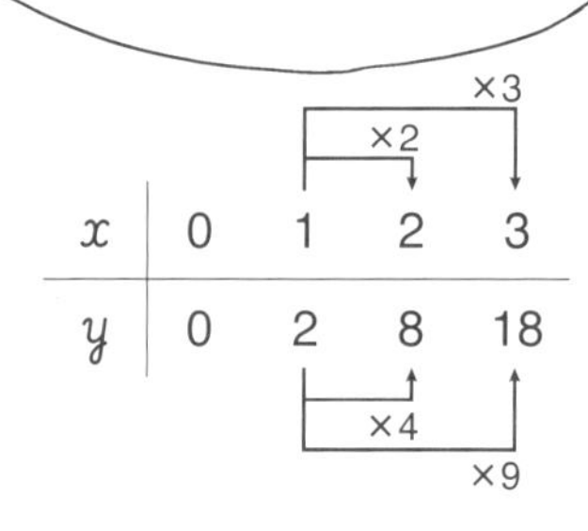

x	0	1	2	3
y	0	2	8	18

「y は x の2乗に比例」…ってことは
$y=ax^2$ とおけるってことだよね
そして式に $x=-2$, $y=8$ を代入するんですよね
$8=a\times(-2)^2$
$a=2$
よって $y=2x^2$
正解〜
ではここで問題
y は x の2乗に比例し, $x=-2$ のとき $y=8$ です。y を x の式で表しなさい。
えっと…?
では次は何をすべきか
自然に聞いてみよう
ええ?
自然の音に耳を傾けるんだ ほら目を閉じて…
わ わかったよ
$y=ax^2$ のグラフ
…あれ?
本当に聞こえる…?
$y=ax^2$ のグラフをかいてみよう
わーっ!
聞こえました… たしかに…
風のささやき…?
いや人間人間!

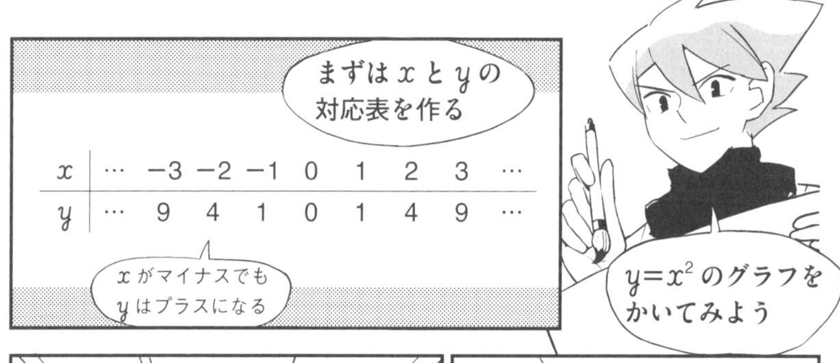

x	…	−3	−2	−1	0	1	2	3	…
y	…	9	4	1	0	1	4	9	…

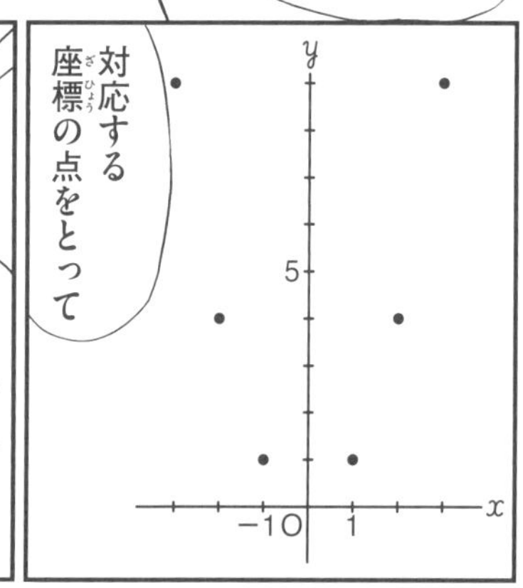

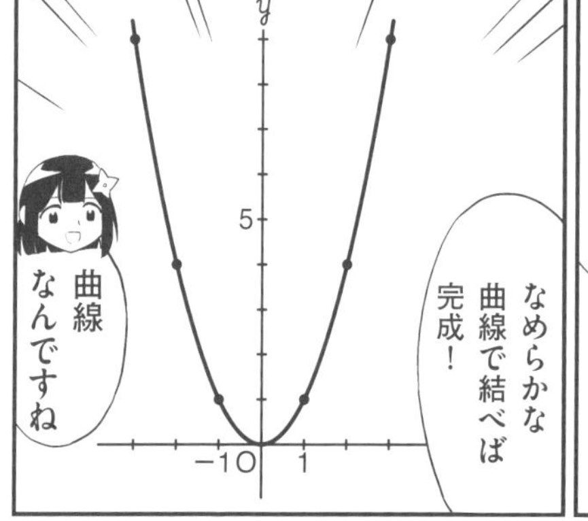

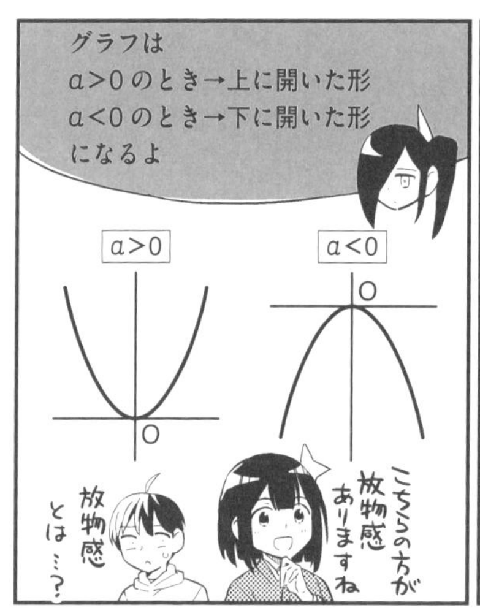

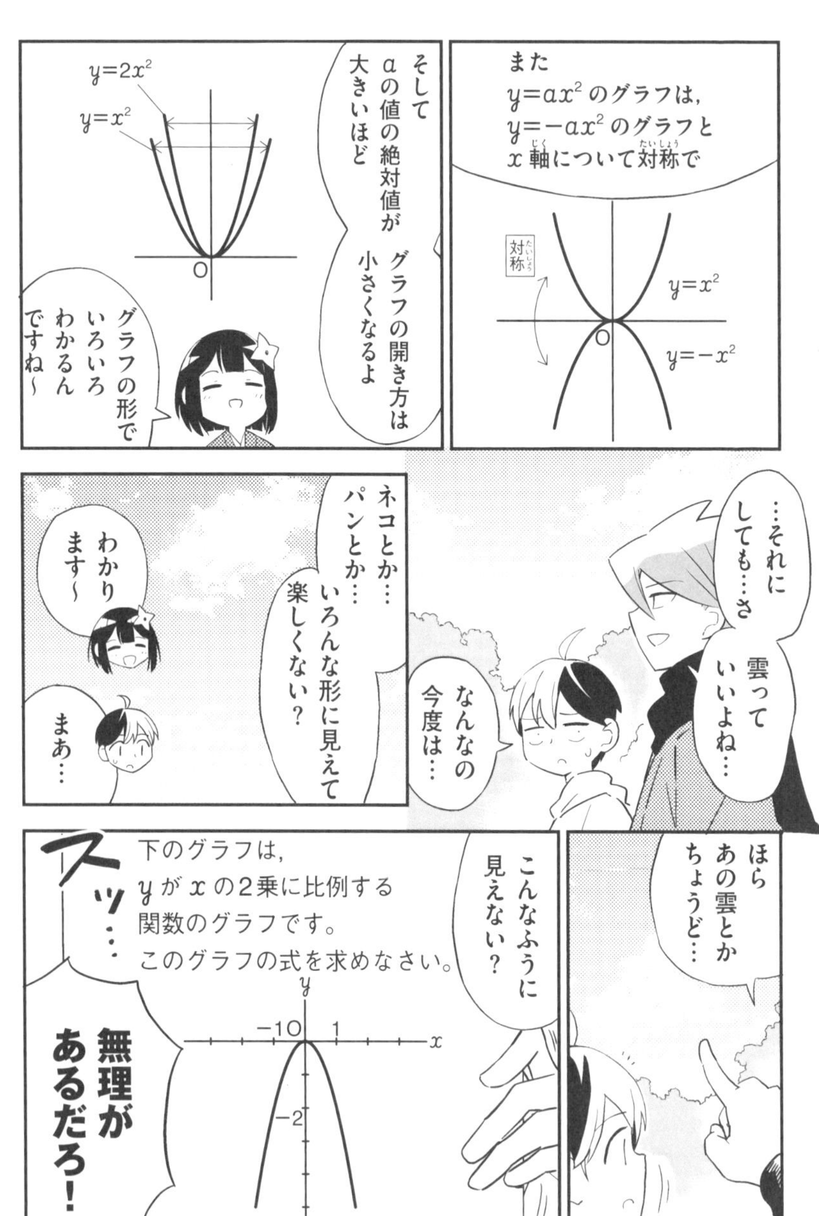

また
$y=ax^2$ のグラフは，
$y=-ax^2$ のグラフと
x 軸について対称で
対称
$y=x^2$
$y=-x^2$
O
そして
aの値の絶対値が
大きいほど
グラフの開き方は
小さくなるよ
$y=2x^2$
$y=x^2$
O
グラフの形で
いろいろ
わかるん
ですね～
…それに
しても…さ
雲って
いいよね…
なんなの
今度は…
ネコとか…
パンとか…
いろんな形に見えて
楽しくない？
わかり
ます～
まあ…
ほら
あの雲とか
ちょうど…
こんなふうに
見えない？
スッ…
下のグラフは，
y が x の2乗に比例する
関数のグラフです。
このグラフの式を求めなさい。
y
x
−1
0
1
−2
無理が
あるだろ！

言われて
みれば…
さすがの
せつなさんも
困惑ぎみだ！

えっと
グラフから
式を求める
ときは…
座標が
わかりやすい点を
見つけるん
ですよね
あー
そうだったね

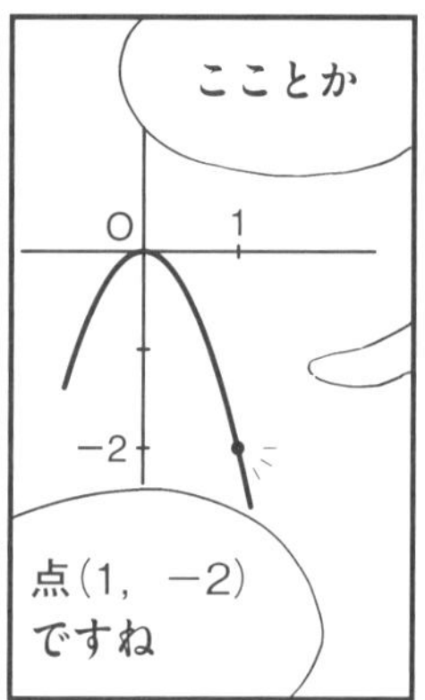
こことか
O
1
−2
点(1，−2)
ですね

あとは
座標を
代入すれば…
2乗に比例する関数だから
$y=ax^2$とおけて
$x=1$，$y=-2$を
代入すると
$-2=a\times1^2$
$a=-2$
したがって
$y=-2x^2$
グッ
大正解～～

というわけで
ひとまず
ここまで！
どうだい？
ハジメくん
自然…
感じられた
かい？
不自然しか
感じなかったよ！

7-2

関数 $y=ax^2$ の値の変化

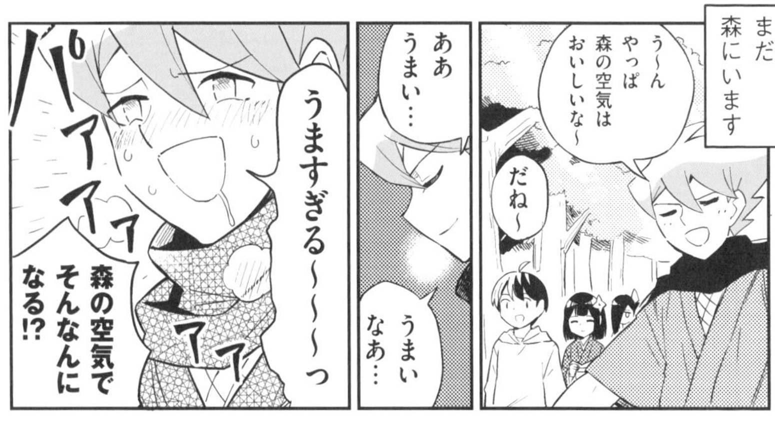

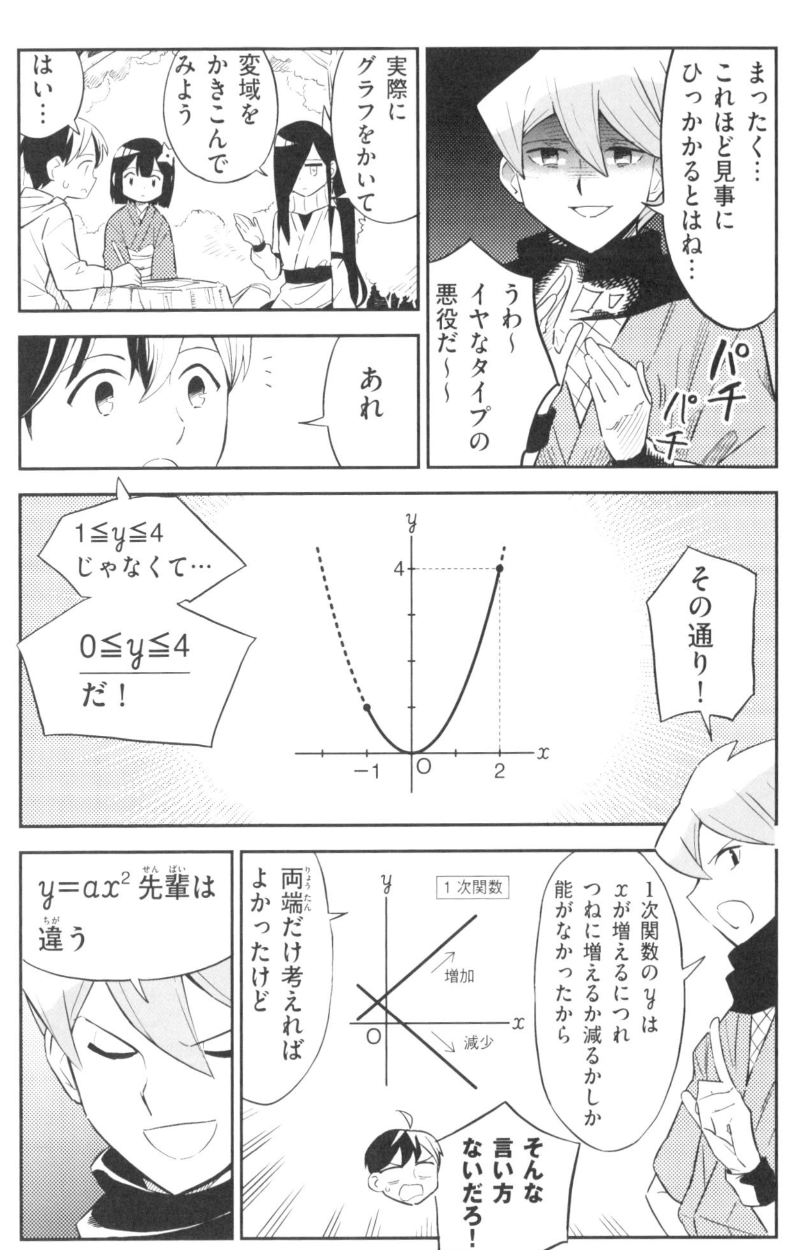
まったく…
これほど見事に
ひっかかるとはね…
パチ
パチ
うわ～
イヤなタイプの
悪役だ～～
実際に
グラフをかいて
変域を
かきこんで
みよう
はい…
あれ
その通り！
1≦y≦4
じゃなくて…
0≦y≦4
だ！
y
4
x
−1
O
2
1次関数のyは
xが増えるにつれ
つねに増えるか減るかしか
能がなかったから
そんな
言い方
ないだろ！
1次関数
y
増加
減少
x
O
両端だけ考えれば
よかったけど
y=ax² 先輩は
違う

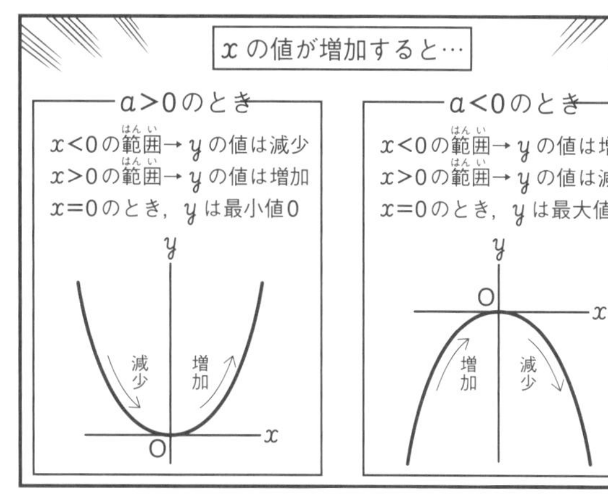
x の値が増加すると…
$a>0$ のとき
$x<0$ の範囲→ y の値は減少
$x>0$ の範囲→ y の値は増加
$x=0$ のとき，y は最小値0
減少
増加
$a<0$ のとき
$x<0$ の範囲→ y の値は増加
$x>0$ の範囲→ y の値は減少
$x=0$ のとき，y は最大値0
増加
減少

0を境に増加と減少が入れ替わる！

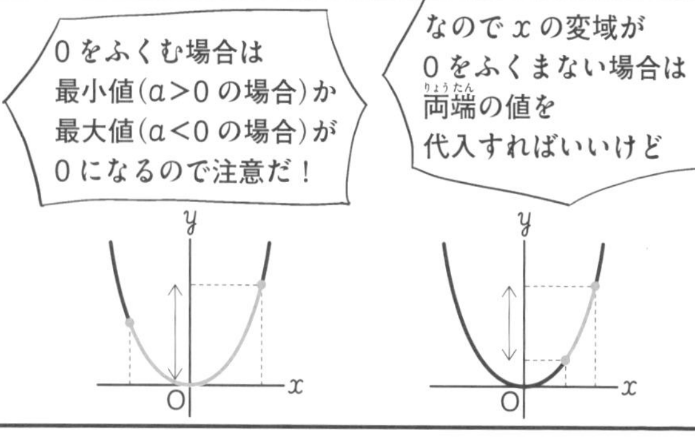
なので x の変域が
0をふくまない場合は
両端の値を
代入すればいいけど
0をふくむ場合は
最小値（$a>0$ の場合）か
最大値（$a<0$ の場合）が
0になるので注意だ！
カンタンなグラフをかくとミスが防げるぞ！

じゃあ次に
変化の割合
変化の割合…
これも前に出てきましたね…
（変化の割合）＝$\dfrac{(y\text{ の増加量})}{(x\text{ の増加量})}$
だよ
そうでしたね

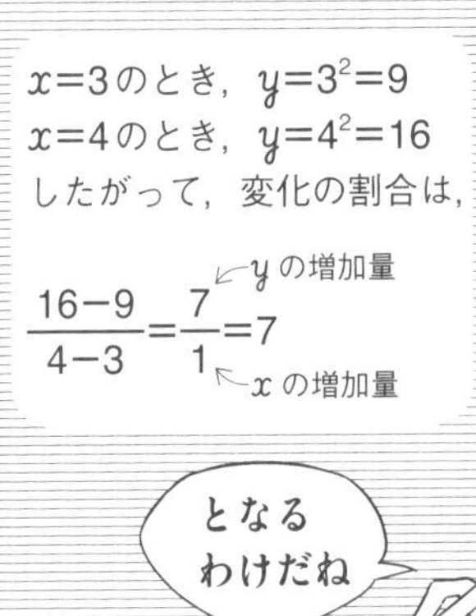

$x=-3$ のとき，$y=(-3)^2=9$
$x=-2$ のとき，$y=(-2)^2=4$
したがって，変化の割合は，

$$\frac{4-9}{(-2)-(-3)}=\frac{-5}{1}=-5$$

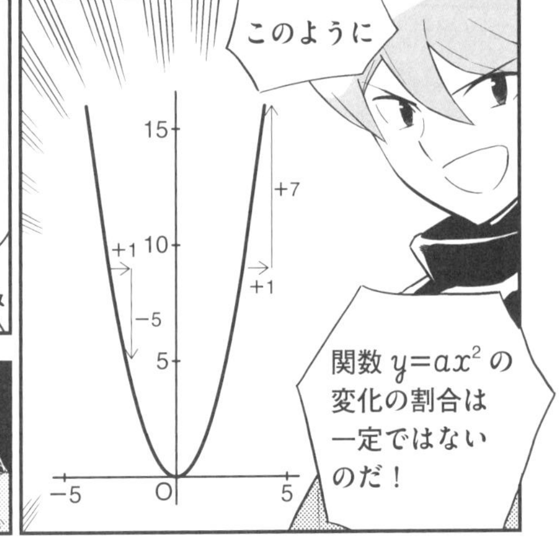

斜面を人間が転がり始めてから
x 秒後に転がる距離を y m とするとき，
$y=2x^2$ の関係があります。

転がり始めてから，
1秒後から4秒後までの
平均の速さを求めなさい。

進んだ時間はもちろん
4−1＝3(秒)
だよね

つまり平均の速さは
$\frac{30}{3}=10$
答　10 m/s
だ！
正解〜
パチパチ

その間に進んだ距離は
$2\times4^2-2\times1^2=30$(m)
4秒後の距離　1秒後の距離
ですね

あれ
これって…
変化の割合と
同じですか？
そう
この場合の
平均の速さは
変化の割合を
求めるのと
同じなのだ

ガーン
……
あ
だまって
ぶつかった…

だ
大丈夫…？
見事だ…

出会い方が
違えば…
仲間に
なれたかもな…
好かれるタイプの
悪役だ…
つづく

COLUMN VOL — 7

人口増加は農業増産より爆発的だ!

経済学の古典の一つに、イギリスのロバート・マルサスの書いた『人口論』があります。この本でマルサスは、「人口は幾何級数的に増加し、農産物は算術級数的にしか増産できない」と言っています。経済学者なのに、「幾何級数的、算術級数的」という二つの数学用語を使っていますが、これはどういう意味でしょうか。

まず、幾何級数的とは、毎年2倍ずつ(3倍ずつ、4倍ずつでもいい)のように倍々ゲーム(掛け算)で増えていくことを言います。2倍ずつで増えていく場合、ある会社の1年目の売上が1億円なら、2年目は2倍の2億円、3年目はその2倍の4億円、4年目はさらにその2倍の8億円、5年目は16億円……となります。雪だるま式です。

もう一つの算術級数的とは、売上が毎年1億円ずつ増えていく(足し算)ようなケースのことを言います。ですから、1年目が1億円であれば、2年目は1億円増えて2億円になり、3年目もさらに1億円増えて3億円、4年目は4億円、5年後は5億円です。

算術的な増え方は足し算的であって、急激な増加は期待できません。地道です。それに対して幾何級数的な増加は、最初こそ算術的な増え方と大差ないように見えます。しかし、すぐに倍々ゲームの恐ろしさを発揮します。

マルサスの言いたかったのは、たとえ肥料の改良や農地拡大などで食料の増産が続いたとしても、それは足し算的な増え方（算術的）に過ぎない。人口増加のほうは掛け算による爆発的増加であって、食料の供給はとうてい追いつかなくなる。食料不足に陥る時代がくるぞ、ということを「幾何級数」という言葉を使い、警鐘を鳴らしたのです。

頭脳明晰と言われる人でも、「幾何級数的な増加」の怖さはピンとこないようです。あの豊臣秀吉でさえ、謝罪を余儀なくされたという逸話も残っています。

曽呂利新左衛門は秀吉の御伽衆、つまり秀吉の話し相手（世間話など）の一人でした。読み書きの不得手だった秀吉は８００人もの御伽衆を抱え、耳学問に精を出していたと言われています。勉強熱心です。

あるとき、秀吉は新左衛門に「そちに褒美を取らせよう。なんでもよいぞ」というと、「そうですなぁ。きょうは米１粒、明日は倍の２粒、３日目はその倍の４粒、４日目はさらに倍の８粒……と１００日間、米粒をいただけませんか」と申し出たというのです。

COLUMN VOL 7

秀吉は「欲のない奴だ」と了解したのですが、これがとんでもない間違いでした。

$1+2+4+8+\cdots\cdots+2^{99}\fallingdotseq 1.27\times 10^{30}$（粒）

これは「127万粒の1兆倍の1兆倍」です。ここで、一石＝10斗、1斗＝10升、1升＝10合で、1合でおおよそ6500粒とすると、1石＝650万粒です。これで計算すると、江戸時代の加賀百万石のような藩が全国にいくらあっても足りないとわかり、秀吉が撤回を申し出たと言います。

幾何級数を利用したおもしろクイズに、次のようなものがあります。

「いま、わずか1分で2倍に分裂する菌がいます。コップに1匹入れておいたところ、1時間（60分）でコップいっぱいになりました。では、2匹を入れたら、何分でコップがいっぱいになるでしょうか？」

1匹で1時間だから、2匹であれば「半分の30分！」と即答した人はいませんか。1匹のときは、「1分後に2匹」になっていたはず。つまり、最初から2匹入れた場合は1分だけ短縮できたにすぎないので、59分後です。

第8章

相似な図形と円

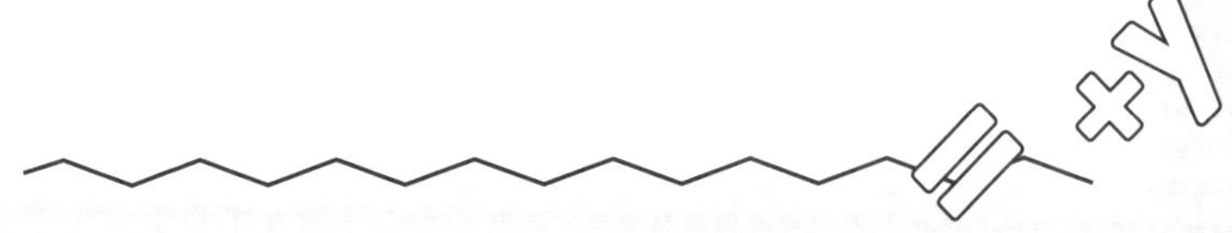

8-1

相似(そうじ)な図形

というわけで
166ページに
なったので
修学旅行として
忍びの里に
やってきた
でも
隠れ里っぽいし…
歓迎されないんじゃ…
着いたぞー!
ザッ
ワーーー
忍びの里へ
ようこそ~!
めちゃくちゃ
オープンだ
~~~
ようこそ!
歓迎
Welcome
ハジメくんに
数学を
教えてる話を
ずっとしてたら
もうみんな
「見たい
見たい!」の
大合唱でね
どういう
ことなの…
見てください
告知も
ありますよ
あの
ハジメくんが
里にやってくる!
数学を
学ぶ!
一大
イベント!
~~~

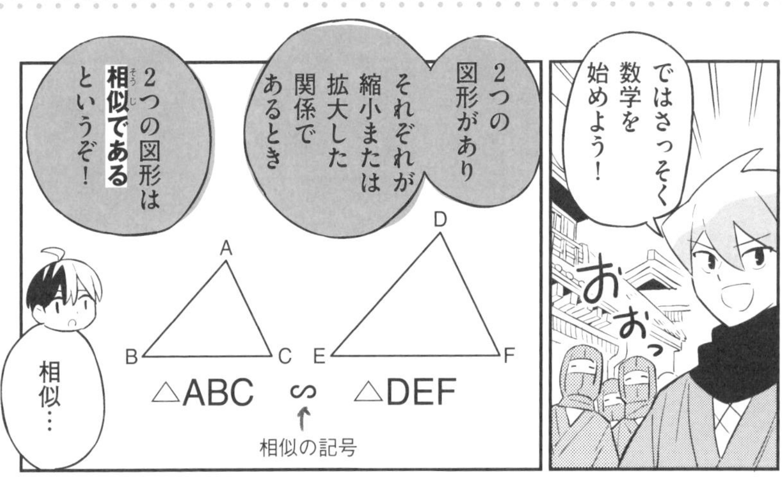
ではさっそく数学を始めよう！
おおっ
2つの図形がありそれぞれが縮小または拡大した関係であるとき
2つの図形は相似であるというぞ！
A
B
C
D
E
F
△ABC ∽ △DEF
相似の記号
相似…

つまり形も大きさも同じなのが合同
形は同じだけど大きさが違うのが相似ってわけだ
相似
∽
合同
≡
里の人で説明するんじゃないよ
いやいや！お役に立てて光栄っす！
変だけどいい人たちだな…

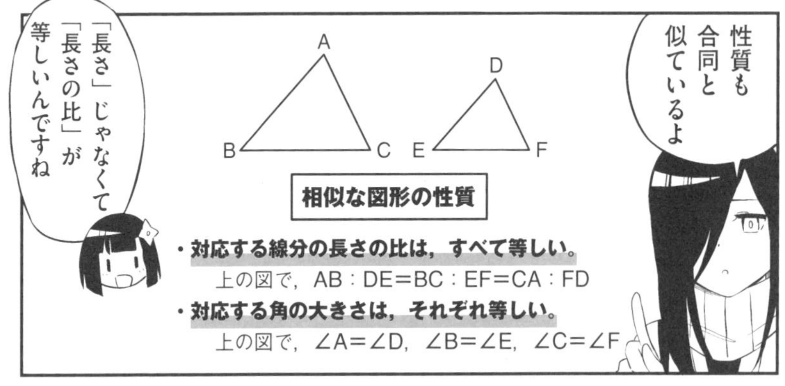
性質も合同と似ているよ
「長さ」じゃなくて「長さの比」が等しいんですね
A
B
C
D
E
F
相似な図形の性質
・対応する線分の長さの比は，すべて等しい。
上の図で，AB：DE＝BC：EF＝CA：FD
・対応する角の大きさは，それぞれ等しい。
上の図で，∠A＝∠D，∠B＝∠E，∠C＝∠F

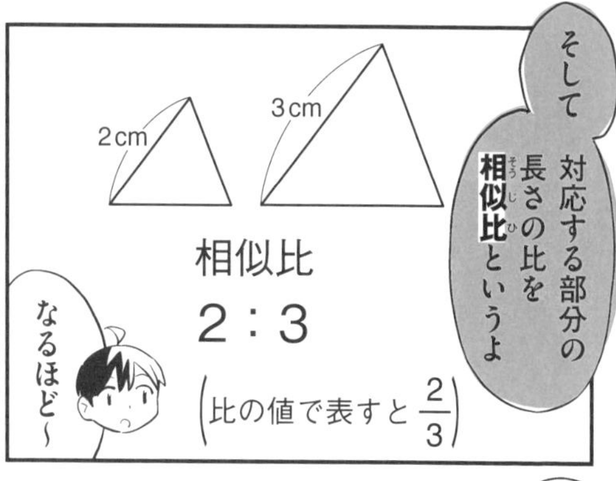

では問題！

右の図で，
四角形ABCDと
四角形EFGHは相似です。
このとき，
対応する角，対応する辺を
答えなさい。
また，この2つの四角形の
相似比を求めなさい。

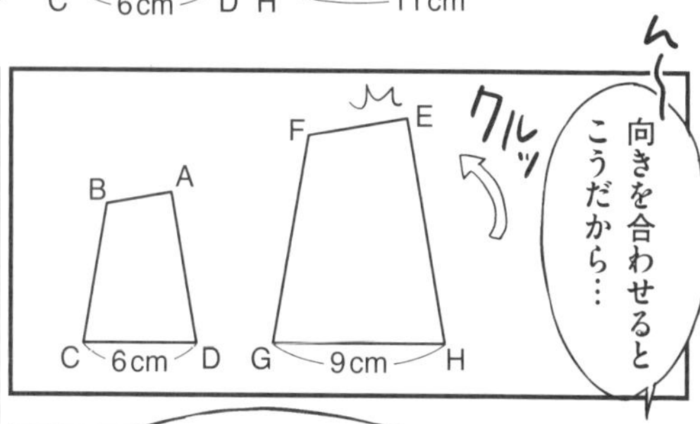

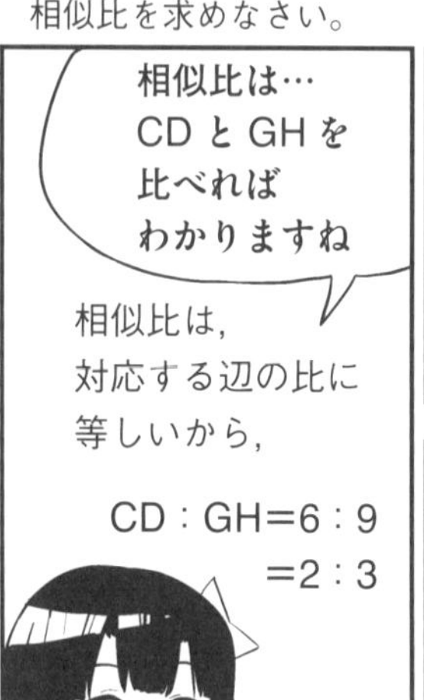

それがこの3つ

三角形の相似条件

① **3組の辺の比がすべて等しい。**

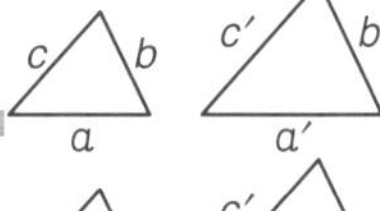

② **2組の辺の比とその間の角がそれぞれ等しい。**

③ **2組の角がそれぞれ等しい。**

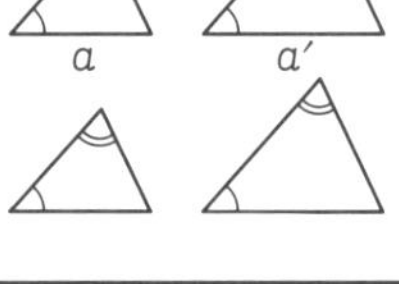

たしかに似てますね

次の図から，相似な三角形の組を選び，
記号∽を使って表しなさい。
また，そのときの相似条件も書きなさい。

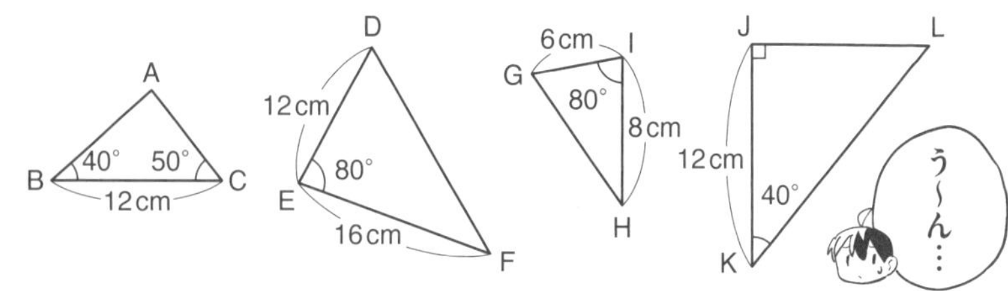

△ABC で
∠A＝180°－(40°＋50°)
＝90°
△ABC と△JKL で
∠A＝∠J＝90°
∠B＝∠K＝40°だから
2組の角がそれぞれ等しいので，
△ABC∽△JKL

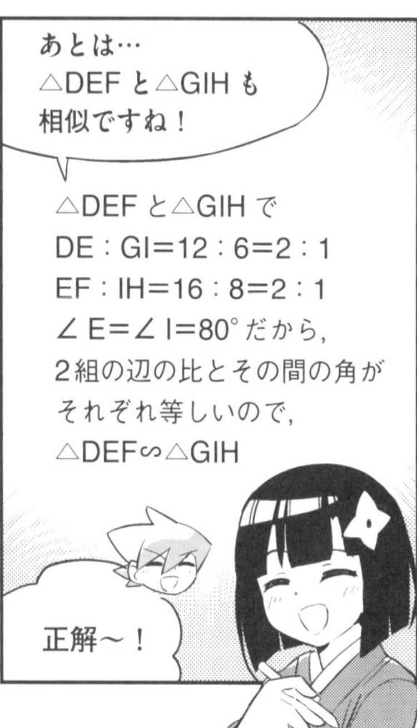

△DEF と△GIH で
DE：GI＝12：6＝2：1
EF：IH＝16：8＝2：1
∠E＝∠I＝80°だから，
2組の辺の比とその間の角が
それぞれ等しいので，
△DEF∽△GIH

アンコール!
アンコール!
ウァァァァ
数学でアンコールってかかるんだ…
しずまりなっ
ハッ…頭領(とうりょう)!
頭領⁉
あお母さん
お母さん⁉
まったくみんなしてはしゃいで…
ハジメくんはウチで預かるよっ
え〜
すまなかったね
ウチでゆっくり休みな
あいえ…
おばさんにも数学してるとこ見せてね
お母さん…
静かには過ごせないと確信するハジメだった
ふ〜やっと解放された…
そんで休んだら

8–2

平行線と線分の比

ガララ
ほーら
あがって
あがって
お
お邪魔(じゃま)します…
なーに
自分の家だと思って
くつろいでくれ
それは
自分の家で言いな
でも本当に
そうだよ
なんなら
自分の家にする
気持ちでさ
どういう
ことですか…
クッキー
焼けたよ～
わー
お姉ちゃんの
クッキー
ちょっと
めずらしい
形ですね
これは

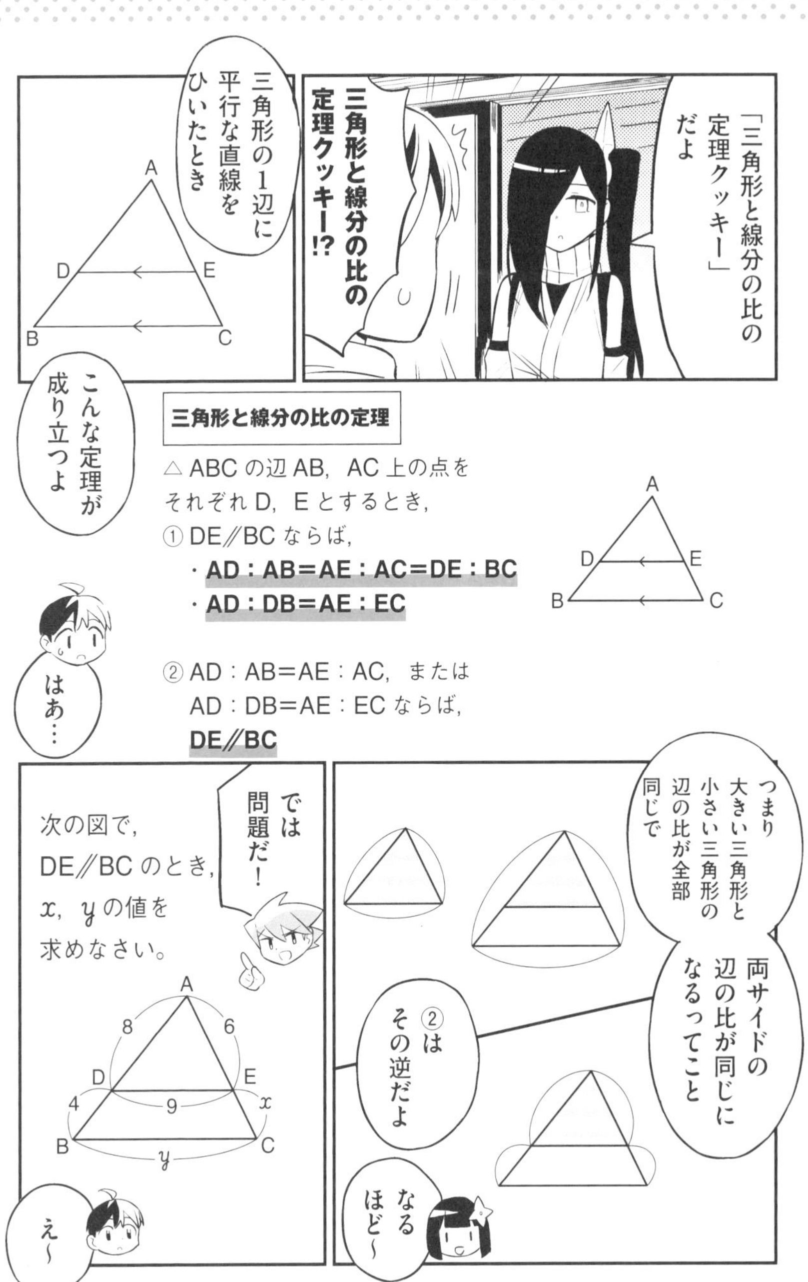

「三角形と線分の比の定理クッキー」だよ
三角形と線分の比の定理クッキー!?
三角形の1辺に平行な直線をひいたとき
A
D
E
B
C
こんな定理が成り立つよ
三角形と線分の比の定理
△ABC の辺 AB，AC 上の点をそれぞれ D，E とするとき，
① DE∥BC ならば，
・AD：AB＝AE：AC＝DE：BC
・AD：DB＝AE：EC
② AD：AB＝AE：AC，または AD：DB＝AE：EC ならば，
DE∥BC
A
D
E
B
C
はあ…
つまり大きい三角形と小さい三角形の辺の比が全部同じで
両サイドの辺の比が同じになるってこと
②はその逆だよ
なるほど～
では問題だ！
次の図で，DE∥BC のとき，x，y の値を求めなさい。
A
8
6
D
E
4
9
x
B
C
y
え～

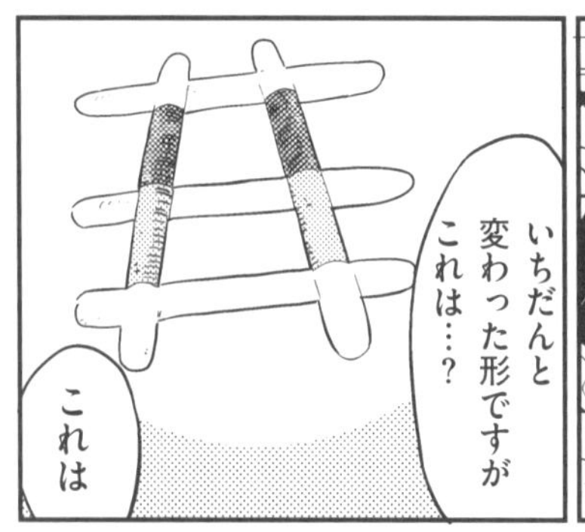

平行線と線分の比の定理

平行な3つの直線 a, b, c に

2つの直線が交わるとき,

AB：BC＝A′B′：B′C′

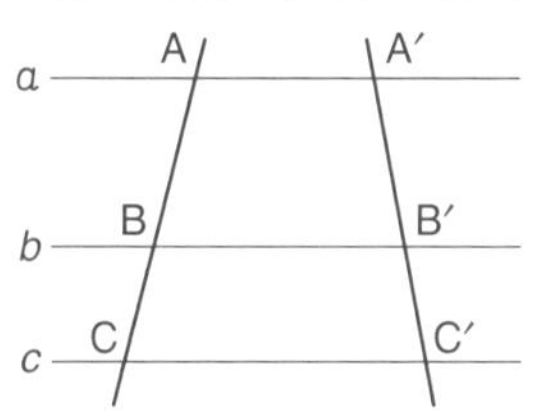

ではここで問題！
今回のボクは問題を出すだけの存在だぜ！
そんな悲しいこと言わないで…
次の図で，ℓ∥m∥nのとき，
xの値を求めなさい。
ℓ
m
n
A
B
C
A′
B′
C′
8
12
10
x
AB：BC＝A′B′：B′C′
だから
8：12＝10：x
8x＝12×10
x＝15
だよね
正解！
それじゃまた次の問題のタイミングで来ますんで！
いったん失礼します！
別に出ていかなくていいだろ！
最後の定理が焼き上がったよ
わー新しい定理
クッキー定理になっちゃった…
あれ？
これって「三角形と線分の比の定理クッキー」じゃ…？
よく覚えてるなハジメくん
似てるけどこれは

中点連結定理

△ABC の辺 AB，AC の中点をそれぞれ M，N とすると，

MN∥BC，$MN=\frac{1}{2}BC$

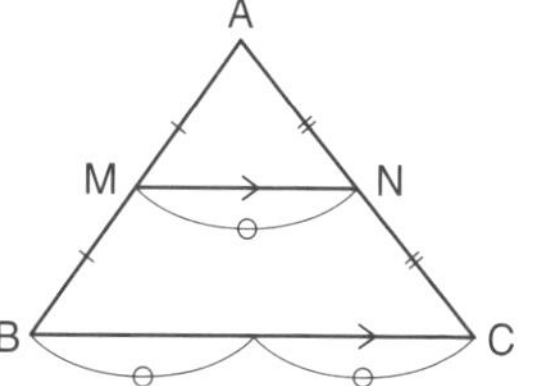

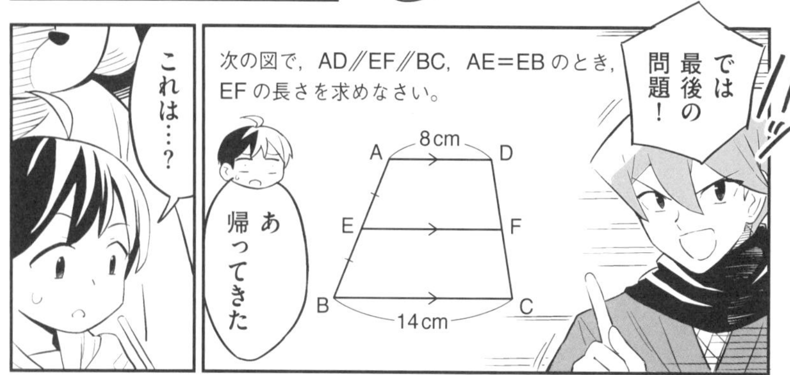

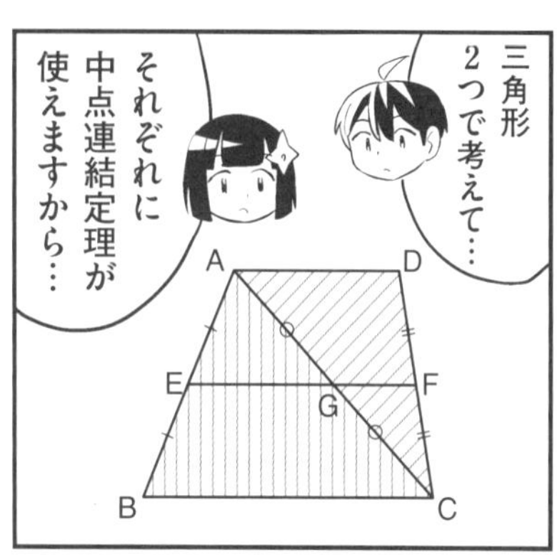

たし
合わせれば
いいのか
EG＝$\frac{1}{2}$BC＝7（cm）
GF＝$\frac{1}{2}$AD＝4（cm）
よって，
EF＝7＋4＝11（cm）
正解～！
ワ～

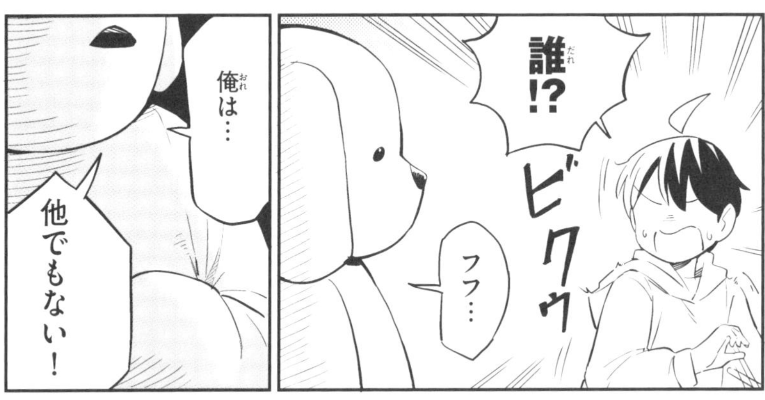
誰!?
ビクウ
フフ…
俺は…
他でもない！

俺自身だァ――!!
自分らしくあれ！
いや誰だよ…

1

下の図の中から相似な三角形を1組選びましょう。また，そのときに使った三角形の相似条件を①～③の中から選びましょう。

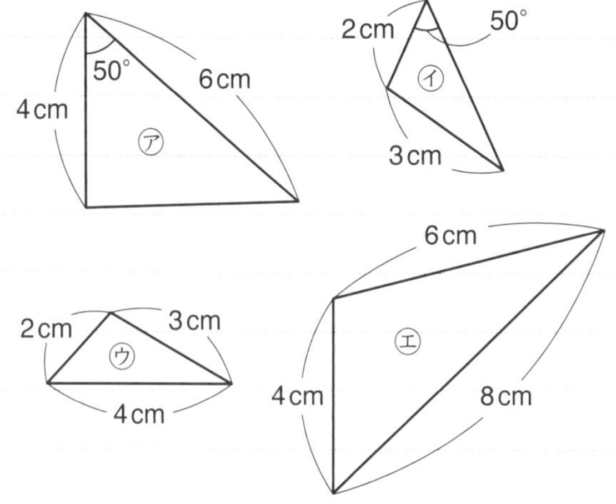

三角形の相似条件

① 3組の辺の比がすべて等しい。

② 2組の辺の比とその間の角がそれぞれ等しい。

③ 2組の角がそれぞれ等しい。

相似な三角形は ☐ と ☐

三角形の相似条件は ☐

2

**下の図で，直線ℓ，m，nは平行です。
次の空欄をうめて，xの値を求めましょう。**

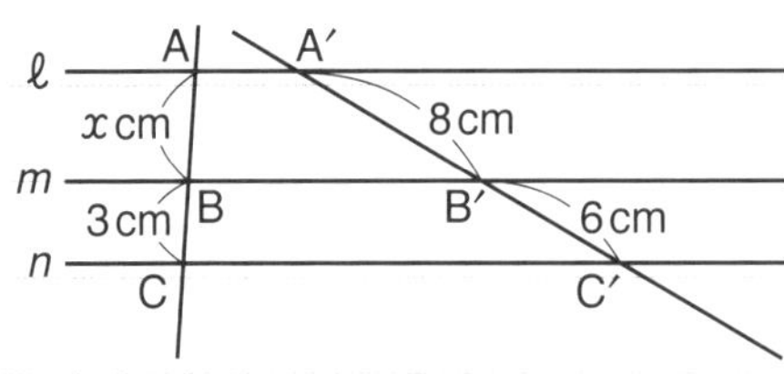

平行線と線分の比の定理より

AB : BC ＝A′B′ : B′C′

x : [　　] ＝ [　　] :6

[　　] x＝ [　　]

x＝ [　　]

答えは次のページへ

1 相似な三角形は

ウ と エ 答

三角形の相似条件は

Ⅰ 答

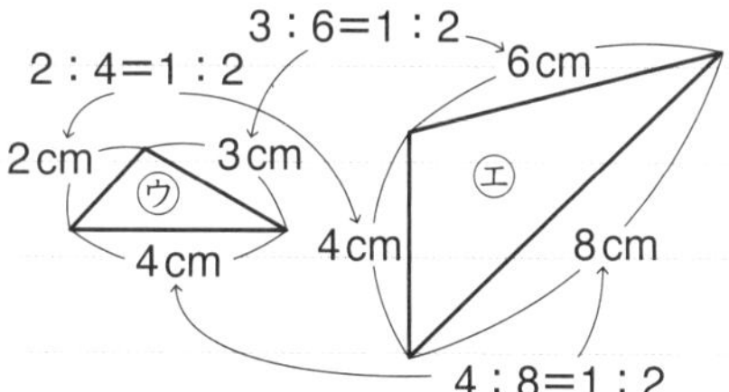

3組の辺の比がすべて1：2で等しい。

2 平行線と線分の比の定理より

ℓ A A′
$x$cm 8cm
m
3cm B B′ 6cm
n C C′

AB：BC＝A′B′：B′C′

x：3 ＝ 8：6

6x＝24

x＝4（cm）答

a：b＝c：d ならば ad＝bc

よく
頑張った
あと30ページ
ぐらいで
今生の
別れだぜ
死ぬわけじゃ
ないでしょ

8-3

相似な図形の計量

フフフ…
ジ～
はじめまして
ハジメくん！
ドーン
あの
顔の方を
とってもらって
いいですか…？
ああ
顔の方か
すまない
いま
着なおすよ
いや着なくて
大丈夫です！
あと顔だけ
とって
もらえれば
フフ…
紹介しよう！
ボクの
父だ！
えっ…
え～
それほどでも
ないよ～
いやいや
父だって～
そうかな～？
まぎれもなく
親子…
…ま
奴のことは
ほっといて
つづけとくれ
はあ…

そうだ！
俺のことはいいから先に行け！
ピョ
父さーん！
……
それでは
相似な図形や立体についてこんな関係が成り立つよ
相似比 → m：n
のとき
図形
周の長さの比 → m：n
面積比 → m²：n²
m
m²
n
n²
立体
表面積の比 → m²：n²
体積比 → m³：n³
m
m³
n
n³
面積は2乗体積は3乗なんですね
そうたとえばこの問題は…
次の図で，
△ABC∽△DEF
です。
2つの三角形の
周の長さの比と
面積比を求めなさい。
A
4cm
3cm
B
5cm
C
D
8cm
E
10cm
F
AB：DE＝4：8
＝1：2
つまり
△ABCと△DEFの
相似比は1：2だから
周の長さの比は
相似比と同じ
1：2
面積比は
1²：2²＝1：4
だ！
なるほど…

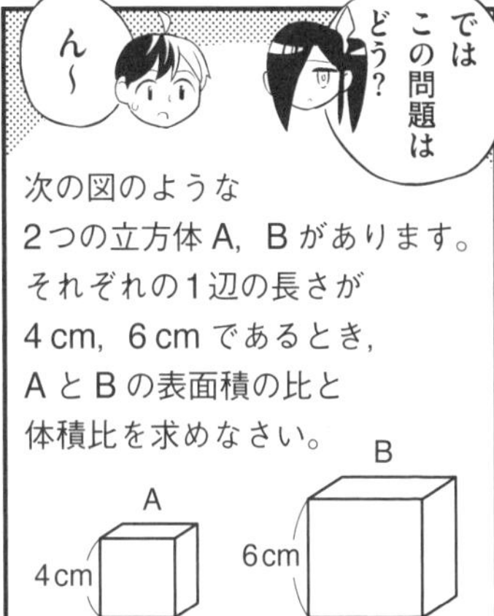
では
この問題は
どう?
ん〜
次の図のような
2つの立方体A，Bがあります。
それぞれの1辺の長さが
4 cm，6 cmであるとき，
AとBの表面積の比と
体積比を求めなさい。
A
B
4 cm
6 cm

相似比は
辺の長さの比だから
4：6=2：3
ということは
Aの表面積：Bの表面積
$=2^2：3^2=$4：9
で…
Aの体積：Bの体積
$=2^3：3^3$
=8：27
ですね

正解!
すごいぞ!
うおお
宴じゃあ!
パチ
パチ
そこまでの
ことじゃ
ないでしょう…

さあ
飲んでくれ
俺特製
しぼり汁だ!
しぼり汁!?

おっ
いいなあ
父さんの
しぼり汁
「父さんの
しぼり汁」って
なんか
やだな…
よし!
ではここで
しぼり汁にまつわる
問題だ!
どんな
問題だよ!

まつわってる…

右の図のように，
底面の直径が20 cm，高さが18 cm の円錐の形をした容器があります。
この容器に9 cm の深さまでしぼり汁を入れたとき，次の問いに答えなさい。

(1) 水面の円の直径を求めなさい。

(2) この容器を満たすには，容器に入っている汁の量のあと何倍の汁を加える必要がありますか。

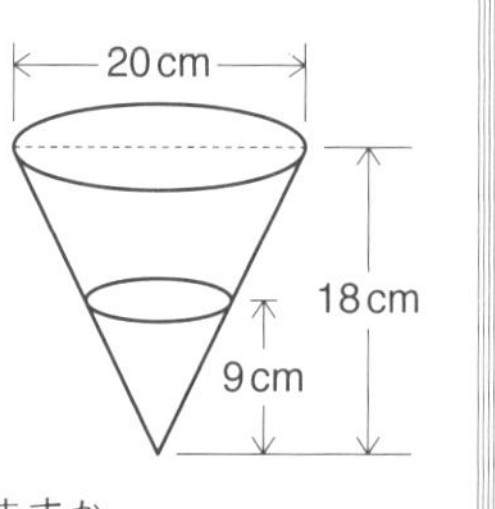

「長老の木」
あるいは「でかい木」と呼ばれている

たしかにでかいですね…

何mくらいあるんでしょうね？

あんな直接測るのが難しい高さも相似を利用して割り出すことができるぞ！

え

ここからてっぺんまで…

だいたい距離が40m角度が50°ってとこかな

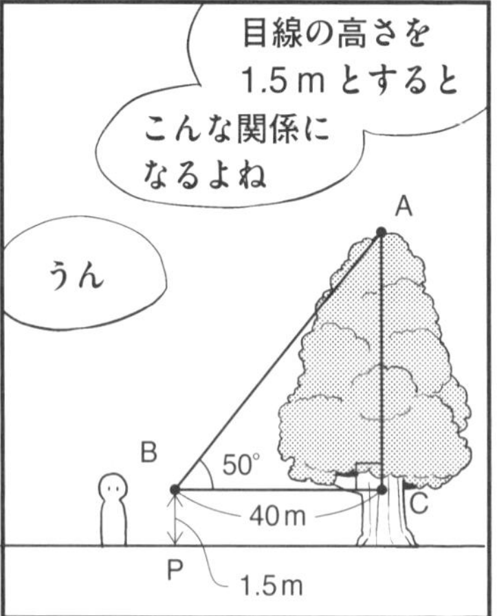

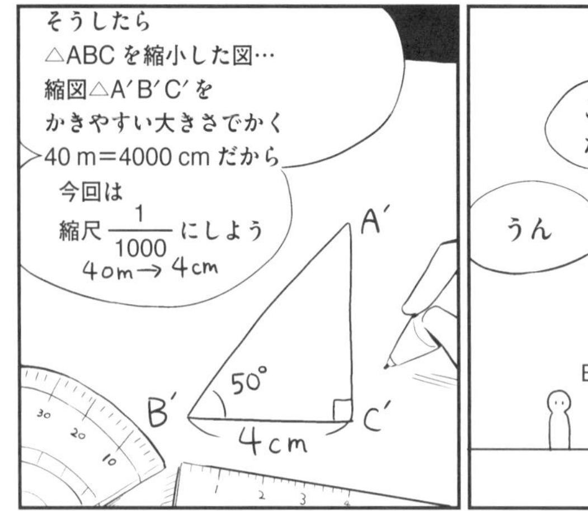

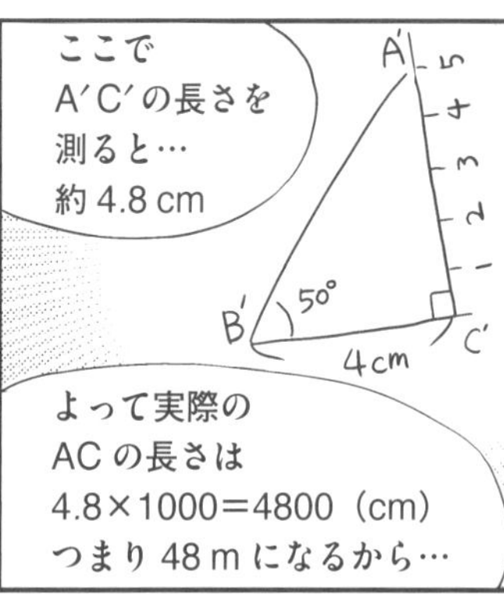
ここで
A′C′の長さを
測ると…
約 4.8 cm
A′
B′
C′
50°
4cm
1
2
3
4
5
よって実際の
ACの長さは
4.8×1000＝4800（cm）
つまり 48 m になるから…

最後に
目線の高さを加えて
48＋1.5＝49.5(m)
あの木は
約 49.5 m
ってわけだ！
相似って
便利ですね〜

今ちょうど
でかい木が
実をつける時期でね…
その実の
しぼり汁
だったんですね…

ん？
いや全然
違うぞ
違うの!?

さあさあ
飲んでくれ！
これ1杯で
1日分
摂取できるぞ
何をですか…

ゴク
う…

うまい…！
なんの味か
わかんないけど
やたらと
うまい…！
なんのしぼり汁かは
ついに
わからなかったという

8-4

円周角(えんしゅうかく)の定理

円Oで，
$\overset{\frown}{AB}$を除いた円周上に
点Pをとるとき，

∠APBを
$\overset{\frown}{AB}$に対する**円周角**(えんしゅうかく)
というよ

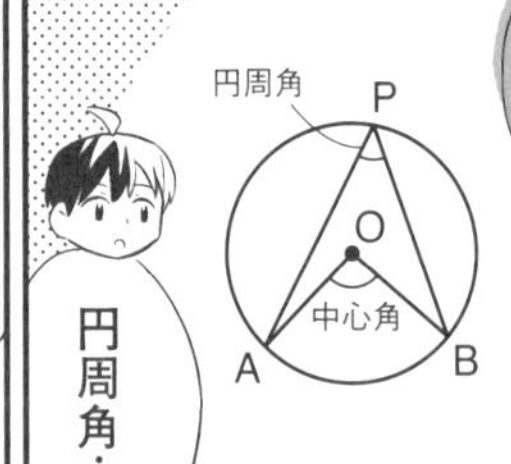

円周角の定理

1つの弧(こ)に対する円周角の大きさは一定で，
その弧(こ)に対する中心角の大きさの半分である。

$$\angle APB = \angle AQB = \frac{1}{2}\angle AOB$$

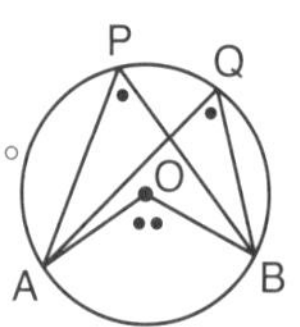

円周角は中心角の半分で…

円周角と弧(こ)の定理

1つの円で，
・等しい弧(こ)に対する円周角は等しい。
・等しい円周角に対する弧(こ)は等しい。

$$\angle APB = \angle CQD \Longleftrightarrow \overset{\frown}{AB} = \overset{\frown}{CD}$$

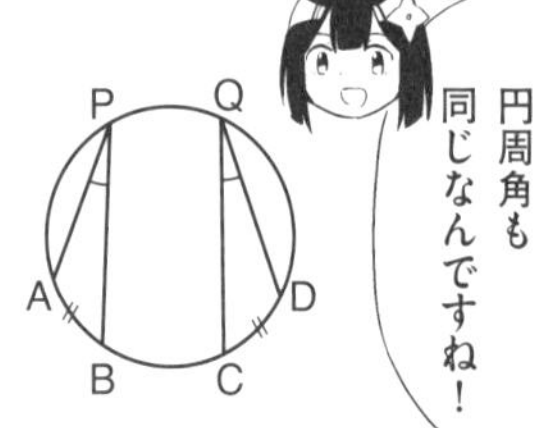

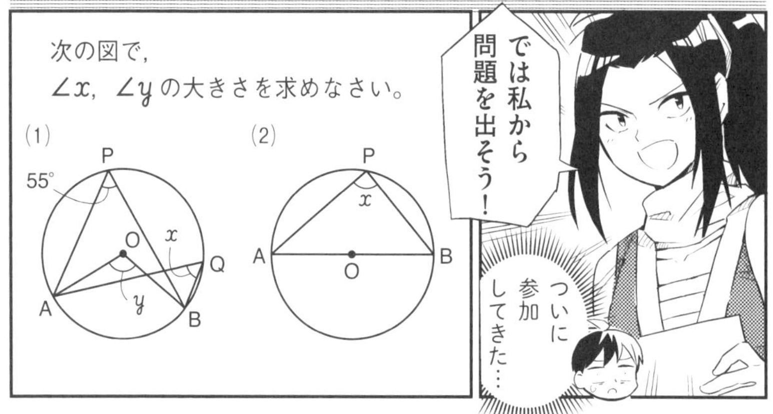

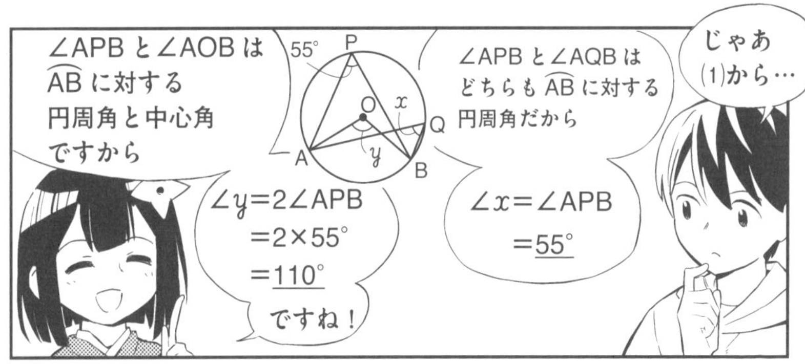
じゃあ
(1)から…
∠APBと∠AQBは
どちらも$\overset{\frown}{AB}$に対する
円周角だから
∠x=∠APB
=55°
∠APBと∠AOBは
$\overset{\frown}{AB}$に対する
円周角と中心角
ですから
∠y=2∠APB
=2×55°
=110°
ですね！
55°
P
O
x
Q
A
y
B

正解だー!!
うわ
びっくりしたっ

フフ…
問題に答えられる
というのは
いいな…
沁みるな！
沁みますか…
ただ
(2)は
どうすれば…？

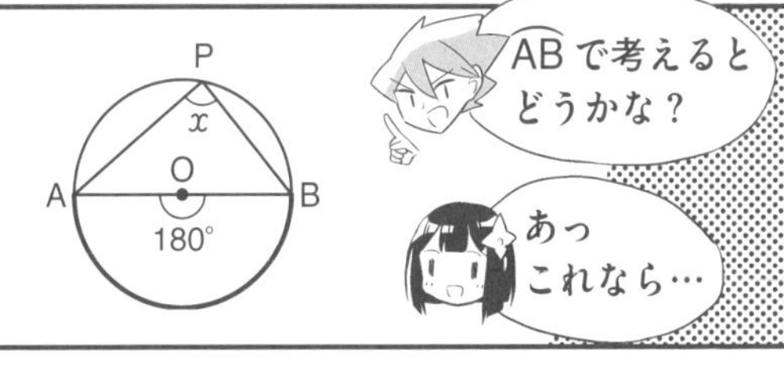
$\overset{\frown}{AB}$で考えると
どうかな？
あっ
これなら…
P
x
O
A
B
180°

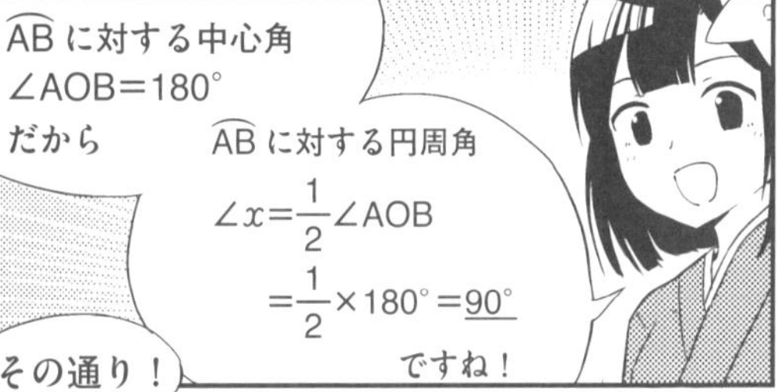
$\overset{\frown}{AB}$に対する中心角
∠AOB=180°
だから
$\overset{\frown}{AB}$に対する円周角
∠x=$\frac{1}{2}$∠AOB
=$\frac{1}{2}$×180°=90°
ですね！
その通り！

このように
半円の弧に対する
円周角は90°
なのだ！
O
なるほどね～

円周角の定理の逆

2点P, Qが,
直線ABについて同じ側にあるとき,
∠APB=∠AQBならば,
4点A, B, P, Qは
1つの円周上にある。

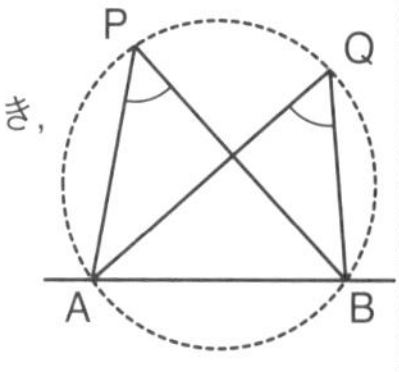

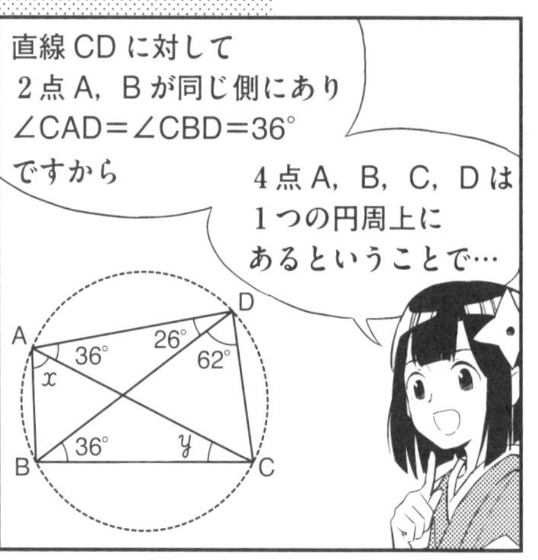

正解だ…！
ハァ
ハァ
なんかハァハァ言ってる！

なるほどこれは…効くな！
効くだろ？
どこにどう効くんですか…

父さんには負けてられない！
ボクも問題を出すぞ！

にじみ出よ問題！
にじみ!?

ジワァ…
次の図のように，円Oの周上に3つの頂点A，B，Cをもつ△ABCがあります。
AB⊥CEのとき，
△ABC∽△AEDであることを証明しなさい。
C
A
D
O
B
E
紋章みたいに出てきた…

フフ…わが息子ながらあっぱれ！
あっぱれなんですかあれは…

△ABC と△AED において，
∠ABC と∠AED は，
どちらも $\overset{\frown}{AC}$ に対する円周角だから，
　∠ABC＝∠AED　……①
∠ACB は半円の弧に対する円周角だから，
　∠ACB＝90°　……②
AB⊥CE だから，∠ADE＝90°　……③
②，③より，∠ACB＝∠ADE　……④
①，④より，2組の角がそれぞれ等しいから，
　△ABC∽△AED

COLUMN VOL 8

思いがけない円周率の算出法

円周率π（パイ）は3・14と覚えていても、そもそも円周率とは何だったかを忘れていることが多いものです。

円周率とは、「円周と直径との比率」のことです。直径が1メートルのタイヤがあるなら、その円周はおよそ3・14メートルある、というわけです。

円周率は、本来は3.14159265358979……と永遠に続く数です。この小数第二位（3・14）まで初めて求めたのは、今から2200年も前のアルキメデス（紀元前287年頃～紀元前212年）でした。正96角形から円周率3・14を求めました。

ここではもっと手軽に、シンプルに求める方法を考えてみましょう。

一つは、次ページの図のように自転車を使う方法です。まず、自転車のタイヤの直径を計測します。大人用の26インチであれば66センチ程度です。タイヤが地面に接している部分に白い色で目印を付けておきます。これで準備はOKです。

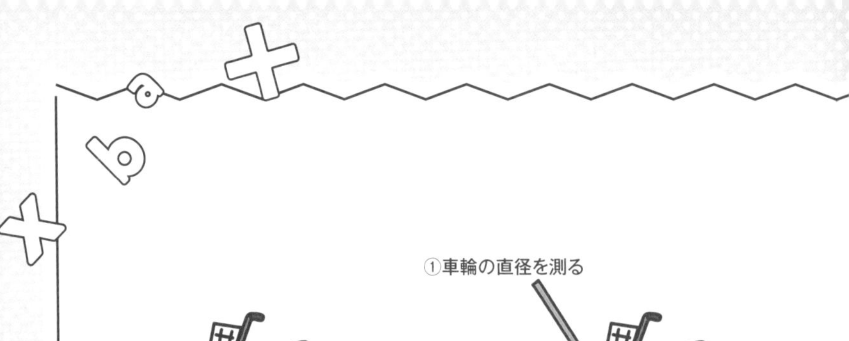

次に、タイヤが10回転した位置で自転車を止め、スタート地点からの長さを測ります。いま、20・9メートルだったとすると、その長さは10回転の場合ですから、１回転に直すと、２０９センチとなります。つまり、この自転車のタイヤの円周は、１周で２０９センチだとわかります。

円周率は「円周と直径との比率」でしたから、２０９センチを直径の66センチで割って、

209÷66＝3.16666……

おおよそ「3・17」という数値が出ました。

次に、重さで円周率を求めてみましょう。まず、ダンボールを二つ切り抜いて、次ページの図のような正方形と円の二つをつくります。そして重さを測ります。重さだから「体積」同士の比較となりますが、厚さ（高さ）は二つとも同じなので無視すると、結局、面積と重さとの

COLUMN VOL 8

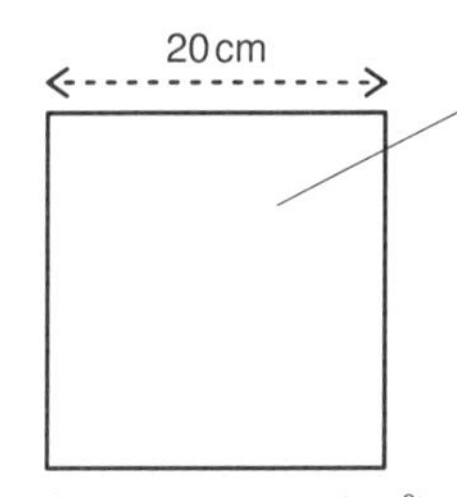

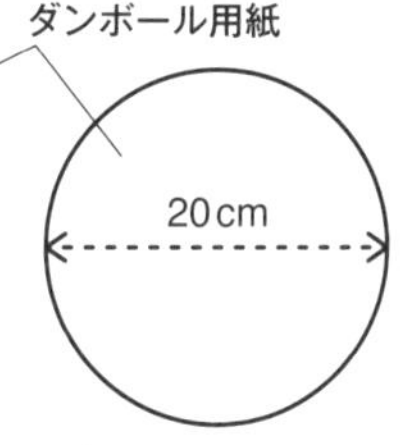

比較となります。ちなみに、面積は正方形が400、円は100π（単位略）です。

二つの重さが21・8グラム（正方形）、17グラム（円）であれば、比率からπの値を求めることができます。

$400 : 100\pi = 21.8 : 17$

これを計算して、π＝3.11926606……とわかりました。およそ、「3・12」ですね。

重さから円周率を出せるのは、なかなかおもしろい方法だと思いませんか。

2022年6月、円周率はついに100兆桁まで達成されました。もう桁競争はコンピュータに任せ、あなたのアイデアで新しい円周率の求め方を考えてみませんか。

第9章

三平方の定理

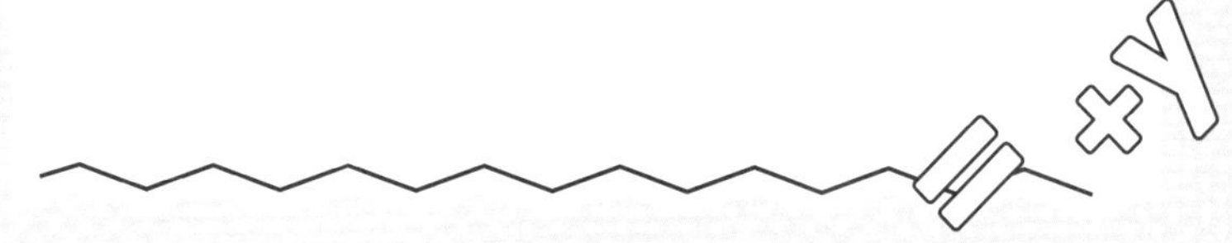

9-1

三平方の定理

畑

畑だー！

畑だなぁ…

畑
HATAKE

三平方の定理

直角三角形の直角をはさむ2辺の長さを a, b, 斜辺の長さを c とするとき,

$$a^2+b^2=c^2$$

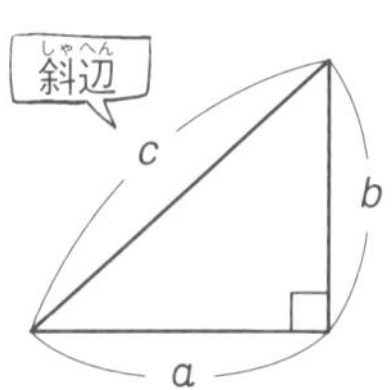

この畑は 真ん中の水場が 直角三角形になっていて
その3辺に 正方形の畑が くっついている形
野菜の数
5^2個
3^2個
4^2個
各辺の野菜の数が それぞれ 3個，4個，5個だから
$a^2+b^2=c^2$ の関係に なっているだろう？
野菜の数
$3^2+4^2=5^2$
9 16 25
ホント だ…
三平方の定理は とても重要！
けっして 忘れないで くれ！
う うん
どうか… 忘れないで…
三平方の定理の こと……
サァァ…
なんで 消えるの…？
では 問題
下の図で，x の値を求めなさい。
(1)
8cm
6cm
$x$cm
(2)
3cm
7cm
$x$cm

(1)は
xが斜辺(しゃへん)だから…
三平方の定理を使って
$8^2+6^2=x^2$
$x^2=64+36=100$
$x=\pm\sqrt{100}=\pm10$
負の数はないから
$x=10$
かな
ウム！
(2)の斜辺(しゃへん)は…
直角の向かいの辺
ですよね
3
x
7 斜辺
三平方の定理から，
$3^2+x^2=7^2$
$x^2=7^2-3^2=40$
$x>0$ だから，
$x=\sqrt{40}=2\sqrt{10}$
でしょうか！
ばっちし

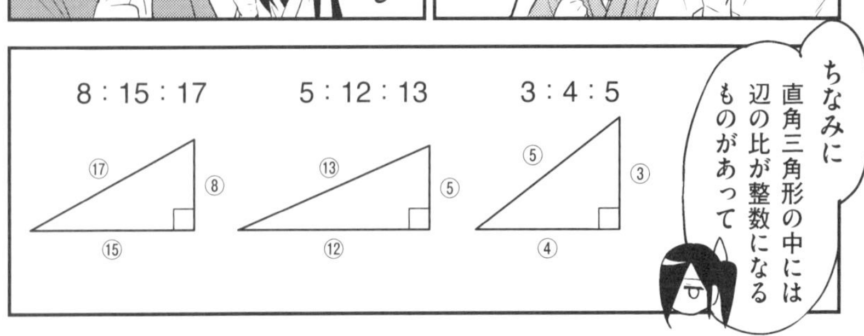

ちなみに
直角三角形の中には
辺の比が整数になる
ものがあって
3：4：5
⑤ ③ ④
5：12：13
⑬ ⑤ ⑫
8：15：17
⑰ ⑧ ⑮

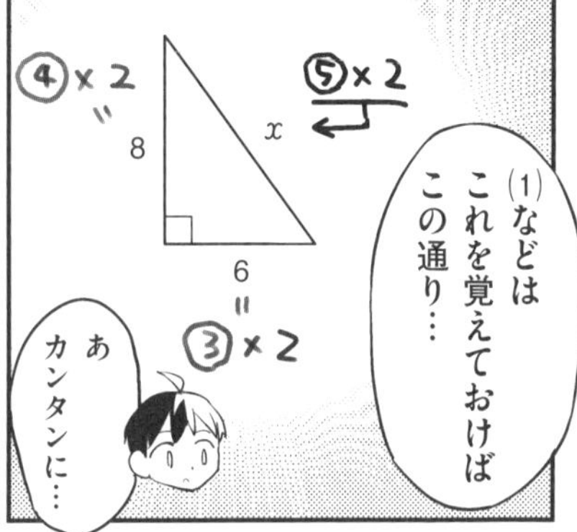

④×2
8
x
⑤×2
6
③×2
(1)などは
これを覚えておけば
この通り…
あ
カンタンに…

瞬殺(しゅんさつ)
だよ
すっ…
こんぼう!?

これは三平方の定理の逆が使えるぞ!

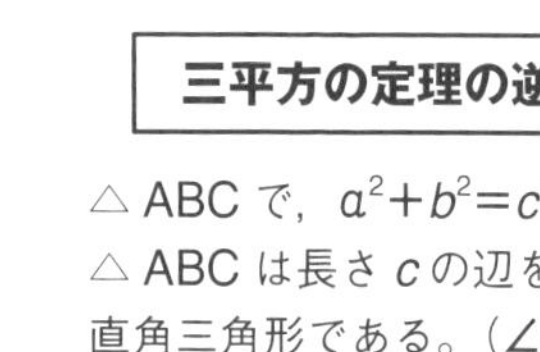

三平方の定理の逆

△ABC で，$a^2+b^2=c^2$ ならば，
△ABC は長さ c の辺を斜辺(しゃへん)とする
直角三角形である。（$\angle C=90°$）

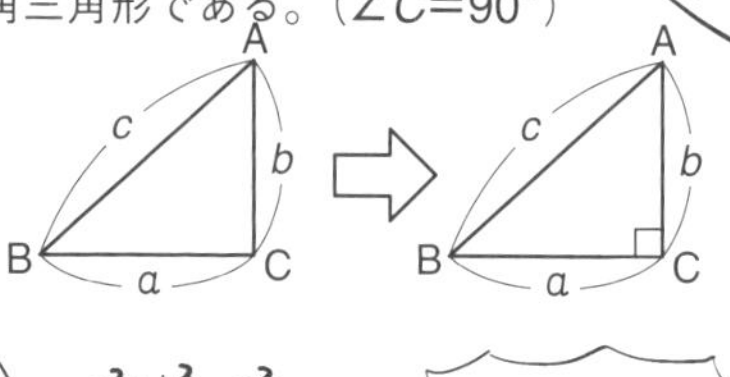

逆…

$a^2+b^2=c^2$
ならば…

直角三角形

次のア・イはそれぞれの長さを
3辺とする三角形です。
直角三角形かどうか答えなさい。

ア　8 cm，10 cm，12 cm
イ　$3\sqrt{2}$ cm，$3\sqrt{3}$ cm，$3\sqrt{5}$ cm

アの場合…

いちばん長い辺の長さの2乗は

$12^2=144$

他の2辺の辺の長さの2乗の和は

$8^2+10^2=64+100=164$

$8^2+10^2 \neq 12^2$ だから**直角三角形ではない**よね

イでは…

いちばん長い辺の長さの2乗は

$(3\sqrt{5})^2=45$

他の2辺の辺の長さの2乗の和は

$(3\sqrt{2})^2+(3\sqrt{3})^2=18+27$

$=45$

$(3\sqrt{2})^2+(3\sqrt{3})^2=(3\sqrt{5})^2$

だから**直角三角形**ですね！

正解～！

ごほうびのヘイホー根だ！

3ヘイホー

ズボッ

ヘイホー根の畑だったんだコレ！

やった～

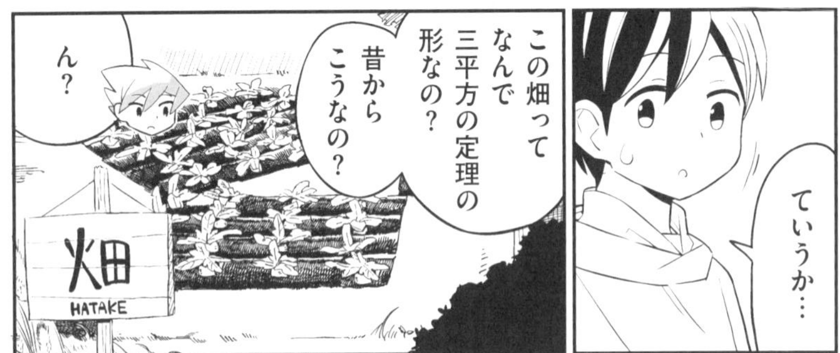

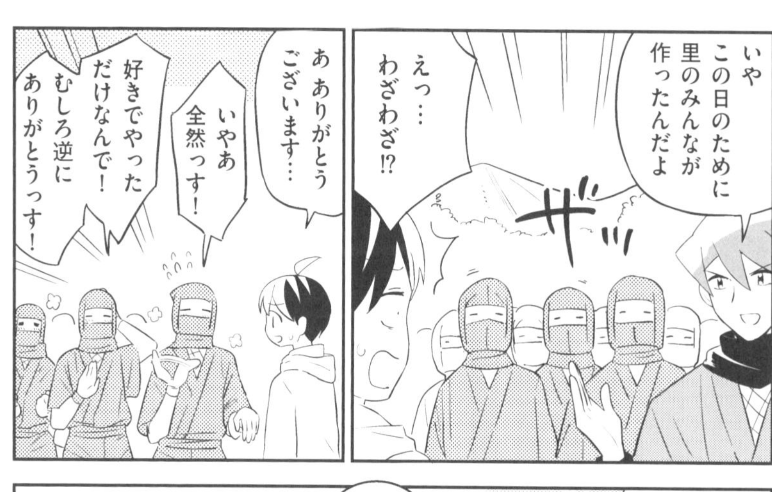

これで 全ての授業が 終わった!

修学できたから 旅行もこれで 終わりだよ

そ そっか…

さあ 今夜は一晩中 飲み明かそうぜ! (ジュースなどで)

こうして 僕の中学数学は、 忍びの里で 終わったのだった……

COLUMN VOL 9

豆を嫌ったピタゴラス

実は、ピタゴラスが「三平方の定理」を発見するずっと以前から、3：4：5や5：12：13のような特定の辺の組合せをもつ三角形が直角三角形になることは知られていました。遠くエジプト時代、バビロニア時代から知られていたことです。エジプトには、縄を3：4：5の長さの結び目をつくって直角を計測する（おそらく正確に測量するため）縄張師という職業もあったと伝えられています（真偽は不詳）。

しかし、三平方の定理の素晴らしいところは特定の長さに関係なく、3辺の長さがa、b、c（cが斜辺）の直角三角形では$a^2+b^2=c^2$がいつでも成り立つことを示した点です。

ただ、ピタゴラス自身は教団を組織し、政治活動を活発に行ない、多数の敵をつくりました。また、教団内部には厳しい戒律をつくって厳格に守らせていたため、それが最後は彼の命を縮めたのです。

そもそも三平方の定理を発見したにもかかわらず、それを発表していません。それは教団に「教団内で発見した内容は外部へ漏らしてはいけない」という戒律があったからです。たとえば、斜辺以外の2辺の長さが1：1のとき、斜辺はルート2になりますが、これは無理数です。人類で初めて無理数の存在に気づいたのがピタゴラスたちだったにもかかわらず、発表していません。当時、分数で表せない数（無理数）の存在は「ありえない」とされていたこともあって、この大発見を外部に漏らした弟子を殺してしまったほどです。

彼の最期は、教団への入団試験で落ちた人物の腹いせによるものといわれています。その人物は「ピタゴラスを殺せ」と市民を扇動し、暴徒と化した市民に追われ、ピタゴラスは殺されました。このときも戒律が災いしました。というのは、教団の戒律では「豆を食べてはいけない」とされていて、逃げる途中に豆畑があって逃げるのをあきらめ、捕まったというのです。「豆を踏みつけるよりここで捕まろう」と思ったのでしょうか。

豆畑があったからといって、逃げるほうが先決と思ってしまいますが、ピタゴラスにとっては自分の命よりも、戒律（ルール）を守ることのほうが、ずっと大事なことだったのかもしれません。

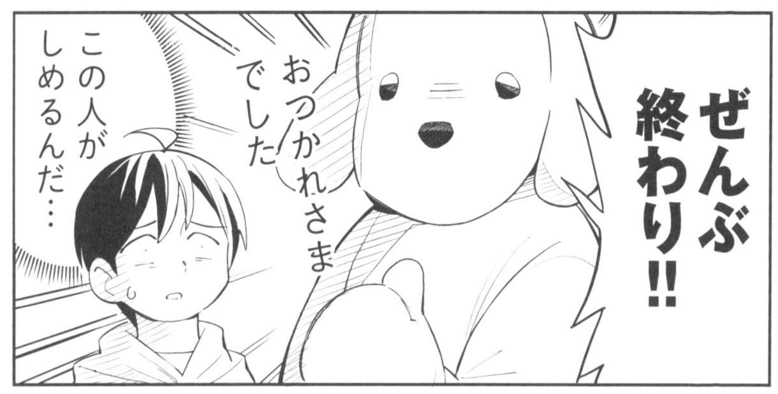
ぜんぶ終わり!!
おつかれさまでした
この人がしめるんだ…

エピローグ

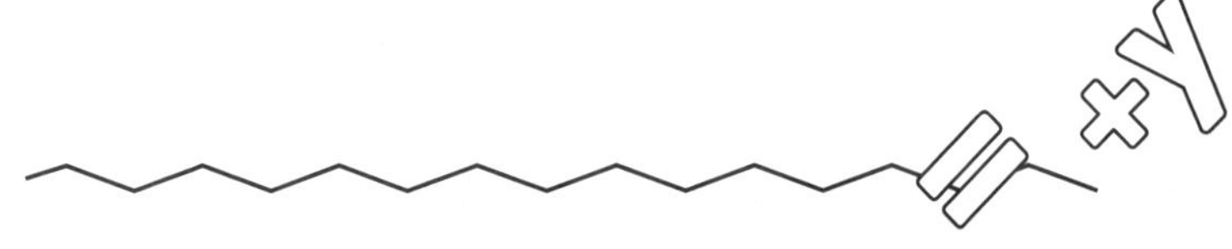

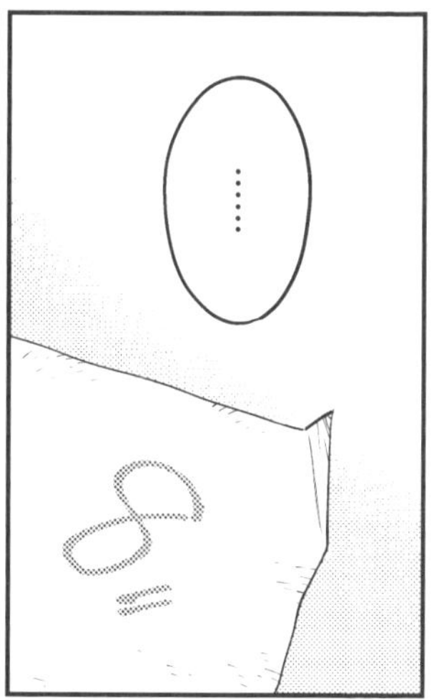
……

なんか……
いい思い出みたいに
語りだして
みたけど……
上巻の
7ページで…

よくよく
考えてみたら
めちゃくちゃな
日々だったな……

いや…
日々だった
っていうか

今もそうだしな……

うわーっ懐かしいなぁこれ！

思い出

ハジメさんがはじめて里に来たときですね

修学旅行ってことでね

あのあと…

ハジメくんも無事高校に受かってさ…

で
今に至るん
だよな～
ですね～
いや
はしょりすぎでしょ

ニョーン

テテテテテ
あ
ニョン太──

ミチッ・・・
ニョムッ…

ニョン太も
大きく
なりましたね～
なりすぎ
だよ…

みんなそろそろ…
スポッ
あそっか
現場に向かう時間ですね
現在 僕が何をしているかというと―
忍者になった！
パーンッ
――というわけではなく
ワー
ワー

せつなと一緒にスタッフをしている

忍びの里の名産品でーす

リアルなきぐるみだなー

きぐるみじゃないですよー

またまたー

経理なんかもやっているので

あのころの数学の勉強もまあ役に立っているのかな——

すみません！ハジメくん！

ん？

分身の術で善と悪の心が分かれてしまいました！
何やってんだ！
なんだなんだ
これもショーだよな？
グハハハ！
困ってるお年寄りを助けさせろ〜〜〜っ！
早く！そいつが善行を犯す前に捕えて！
え そっちが善？
まったく…
このメチャクチャな日々はまだまだ続きそうだ……
もう！いい歳して善悪分かれないでよ！
毎年2回は分かれますよね
一旦両方仕留めとくか
バキッ
ボコッ
グハッ
おしまい

大人たちよ!
マンガで
学び直そう!!

STAFF
著／ソウ　協力／本丸諒　作画協力／霧中望　コラムイラスト／有限会社 熊アート
ブックデザイン／chichols　編集協力／秋下幸恵、花園安紀、林千珠子、梁川由香
データ作成／株式会社 四国写研　企画・編集／宮﨑純

たぶん世界一おもしろい数学　下巻

2024年7月16日　第1刷発行
2024年11月8日　第3刷発行

著者　ソウ
発行人　川畑勝
編集人　芳賀靖彦
編集担当　宮﨑純
発行所　株式会社Gakken
〒141-8416　東京都品川区西五反田2-11-8
印刷所　株式会社リーブルテック

●この本に関する各種お問い合わせ先
・本の内容については、下記サイトのお問い合わせフォームよりお願いします。
https://www.corp-gakken.co.jp/contact/
・在庫については
Tel 03-6431-1201(販売部)
・不良品（落丁、乱丁）については
Tel 0570-000577
学研業務センター
〒354-0045　埼玉県入間郡三芳町上富279-1
・上記以外のお問い合わせは
Tel 0570-056-710(学研グループ総合案内)

学研グループの書籍・雑誌についての新刊情報・詳細情報は、下記をご覧ください。
学研出版サイト　https://hon.gakken.jp/

本書『たぶん世界一おもしろい数学』（上巻・下巻）は『COMIC×STUDY マンガでわかる中学数学（中1）』『COMIC×STUDY マンガでわかる中学数学（中2）』『COMIC×STUDY マンガでわかる中学数学（中3）』の3冊を、学び直しをしたい大人に向けて加筆、再編集をし、上・下巻の2冊にまとめたものです。